SITZUNGSBERICHTE DER SÄCHSISCHEN AKADEMIE
DER WISSENSCHAFTEN ZU LEIPZIG

Mathematisch-naturwissenschaftliche Klasse
Band 108 · Heft 4

OTT-HEINRICH KELLER

ÜBER EINE DEFINITION VON S. LEFSCHETZ IN DER TOPOLOGISCHEN SCHNITTTHEORIE

Mit 1 Abbildung

AKADEMIE-VERLAG · BERLIN
1969

Vorgetragen in der Sitzung vom 20. Mai 1968
Manuskript eingeliefert am 25. November 1968
Druckfertig erklärt am 2. Juni 1969

Erschienen im Akademie-Verlag GmbH, 108 Berlin, Leipziger Straße 3 – 4

Lizenznummer: 202 · 100/401/69
Gesamtherstellung: VEB Druckerei „Thomas Müntzer", 582 Bad Langensalza
Bestellnummer: 2027/108/4 · ES 19 B 2
4,20

Um unsere Fragestellung deutlich zu machen, gehen wir aus von dem Schnitt zweier algebraischer Varietäten S^s und T^t der Dimensionen s und t in einer singularitätenfreien Mannigfaltigkeit R^n; es sei zunächst $s + t = n$. Seit je ist man gewohnt, jedem Schnittpunkt eine Vielfachheit zuzuschreiben. Das Bedürfnis danach entsprang u. a. einem Verlangen nach Kontinuität. Faßt man nämlich die vorliegende Aufgabe als Spezialfall einer allgemeineren auf, deren Lösungen man als einfach erklärt, so kommt man zu der Frage, wieviele solche einfachen Schnittpunkte bei der Spezialisierung zusammenfallen. Beispiel: Eine Tangente faßt man als Spezialfall (oder als Grenzlage) einer Sekante auf. Bei der Spezialisierung fallen 2 Schnittpunkte im Berührungspunkt zusammen, und daher schreibt man diesem die Vielfachheit 2 zu.

Infolge dieser Definition bleibt die Gesamtanzahl der Schnittpunkte bei der Spezialisierung erhalten. Wir können so das *Prinzip der Erhaltung der Anzahl* formulieren: „*Man gebe den Schnittpunkten solche Vielfachheiten, daß bei der Spezialisierung die Gesamtzahl erhalten bleibt oder unendlich wird.*" Eine so gewonnene Vielfachheit wollen wir für uns eine *Spezialisierungsvielfachheit* nennen.

Damit man dieses Prinzip anwenden kann, muß erstens klargestellt sein, was als einfache Lösung zu betrachten ist. Und zweitens muß gezeigt werden, daß die Vielfachheit nicht von der Art der Spezialisierung abhängt. Insbesondere kann und muß die Gültigkeit des Prinzips da bewiesen werden, wo auch nach der Spezialisierung nur einfache Schnittpunkte vorliegen. Diese Beweise sind nur unter zusätzlichen Annahmen zu führen.

Es gibt Bereiche, in denen sich das Prinzip nicht durchhalten läßt, und Bereiche, für die die oben geforderten Beweise geführt sind (und natürlich auch solche, für die es noch nicht entschieden ist).

Nun gelang es in vielen Fällen, eine Vielfachheit direkt, ohne Einbettung in ein allgemeines Problem, zu definieren. Z. B. hat eine Nullstelle α eines Polynoms $P(x)$ die Vielfachheit ν, wenn $P(x)$ genau durch $(x - \alpha)^\nu$ teilbar ist. Eine solche Definition der Vielfachheit, die allein der Struktur des gegebenen Problems folgt, wollen wir für uns eine *Strukturvielfachheit* nennen. In der algebraischen Geometrie ist z. B. die Ideallänge eine solche Strukturvielfachheit.

Für die Schnitte algebraischer Varietäten haben wir also zwei allgemein anwendbare Vielfachheitsbegriffe: Die Spezialisierungsvielfachheit und die Ideallänge. Sie stimmt in projektiven Räumen der Dimension $n \leq 3$ über abgeschlossenen Konstantenkörpern überein, für größere n nicht mehr mit Notwendigkeit. GRÖBNER [3] gab ein Beispiel im R^4, für das die beiden Definitionen verschiedene Ergebnisse liefern.

Nun scheint mir das Prinzip der Erhaltung der Anzahl einem tieferen Bedürfnis des menschlichen Geistes zu entsprechen. Das ersieht man schon aus folgender weithin zutreffender Beobachtung: Läßt sich das Prinzip in einem Bereich nicht durchhalten, so versucht man den Bereich so zu erweitern, daß man ihm Gültigkeit verschaffen kann. So geht in der euklidischen Ebene der Schnittpunkt zweier Geraden verloren, wenn diese parallel werden. Um dann doch von einem Schnittpunkt sprechen zu können, hat man die Ebene projektiv abgeschlossen. Viele Mathematiker verteidigen denn auch den Standpunkt, daß es, wenn irgend möglich, gewahrt werden muß, nötigenfalls durch Erweiterung des Bereichs. In der neueren algebraischen Geometrie wird dementsprechend die Vielfachheit fast ausschließlich als Spezialisierungsvielfachheit definiert. Der idealtheoretische Ansatz, die Ideallänge als Vielfachheit zu bezeichnen, müßte dann als Irrweg angesehen werden. Die Definition einer Strukturvielfachheit wird jedoch hierbei gar nicht weiter versucht. Und damit scheint mir nun die Frage nicht erledigt zu sein. Läßt man sich nämlich nur vom Prinzip der Erhaltung der Anzahl leiten, sieht man also die besondere Schnittfigur immer nur als Sonderfall einer allgemeineren Figur, so ist damit der Sonderfall als „nichts Besonderes" abgewertet. Dagegen hat aber doch jede Figur ihr Eigenrecht, und es ist nicht alles über sie gesagt, wenn man sie nur als Spezialfall einer allgemeinen Figur begreift. Wenn die Idealtheorie, ausgehend von einem vernünftigen Ansatz, nämlich der Ideallänge, richtig rechnet, kann man das Ergebnis doch nicht einfach vom Tisch wischen. Man vergleiche dazu die Ausführungen bei GRÖBNER [3] 144,8. S. 177.

Mir scheint, daß hier ein echtes Skandalon vorliegt. Beide Definitionen der Vielfachheit sind da und wohlbegründet, aber sie sind miteinander unverträglich. Es drängt sich daher die Frage auf, wie die Dinge in der Topologie stehen.

In der Topologie entspricht dem Prinzip der Erhaltung der Anzahl das Prinzip: „*Homologe Zyklen haben homologe Schnitte.*" Deutlicher: Sind S, T und S', T' Zyklen, $S \cdot T$ und $S' \cdot T'$ ihre Schnitte, und ist $S \sim S'$ und $T \sim T'$, so ist auch $S \cdot T \sim S' \cdot T'$. Wir wollen dieses Prinzip für jetzt das *Homologieprinzip* nennen. Man kann zeigen, daß man es für Mannigfaltigkeiten widerspruchsfrei postulieren kann. Andere topologische Komplexe mögen hier außer Betracht bleiben. In sämtlichen mir bekannten Darstellungen der älteren, kombinatorischen Topologie (H. POINCARÉ [9], H. HOPF [4], B. L. VAN DER WAERDEN [12], S. LEFSCHETZ [8]) definiert man zunächst einfache Schnittpunkte (mit Orientierung) und definiert für andere Arten von Schnittpunkten die Vielfachheit mit Hilfe des Homologieprinzips, also in Analogie zur Spezialisierungsvielfachheit.

In der Folgezeit hat sich das Interesse mehr und mehr von den einzelnen Zyklen zu ihren Homologieklassen gewandt, und so kann in den Homologietheorien der neueren, algebraischen Topologie sinnvoll nur noch von der Homologieklasse des Schnittes geredet werden. So ist etwa in der projektiven Ebene eine geschlossene PEANO-Kurve, die also ein ganzes Flächenstück erfüllt, ein *singulärer* 1-Zyklus. Es kann nun durchaus sein, daß der Schnitt zweier solcher Kurven einem einzelnen Punkt homolog ist, aber wie wollte man diesen lokalisieren? Praktisch gewinnt man den Schnitt zweier Zyklen am besten mit Hilfe der WHITNEYschen Produkte ($\cap$ und $\cup$) [15]. Aber dies ist unmittelbar auch nur für einfache Schnittpunkte möglich und muß dann mit Hilfe des Homologieprinzips auf andere Arten von Schnitten übertragen werden.

Wir sehen also, das Homologieprinzip steckt tief in den Fundamenten der algebraischen Topologie. Es ist nicht beweisbar, sondern eben ein Definitionsprinzip. Wir haben wie bei einem Axion die Freiheit, danach zu fragen, was noch bleibt, wenn wir es nicht zugrunde legen.

Damit könnten noch zwei durchaus verschiedene Zielstellungen gemeint sein:

Einmal wäre es denkbar, numerisch tatsächlich abweichende Definitionen der Vielfachheit zu wählen. Das soll hier jedoch nicht geschehen und dürfte auch wohl befremdlich und zunächst wenig fruchtbar sein, zumindest wenn es ohne weitere einschränkende Voraussetzungen geschieht (wie z. B. bei der Ideallänge, wo man sich eben auf solche Zyklen beschränkt, die algebraische Varietäten sind).

Andererseits aber kann man sehr wohl fragen, ob nicht die Möglichkeit besteht, numerisch die gleiche Vielfachheit, wie sie das Homologieprinzip liefert, auf andere Weise zu definieren und ihre Theorie aufzubauen, ohne dabei das Homologieprinzip als Grundlage zu verwenden. Kurz: man kann fragen, ob es den allein möglichen Zugang zur Schnittheorie herstellt.

Vor allem fragen wir nun, ob man der Schnittvielfachheit eine Definition als *Strukturvielfachheit* geben kann.

Wie die obigen Überlegungen zeigen, setzt ein solcher Versuch voraus, daß wir uns dabei auf den Bereich der (lokal) simplizialen Komplexe beschränken. Dort definiert man seit POINCARÉ den Schnitt nur von solchen Simplices, die sich in allgemeiner Lage zueinander befinden. Es ist klar, daß man damit den Schnitt zweier Ketten in einem mehrfachen Punkt nicht direkt erfassen kann.[1])

[1]) LEFSCHETZ [7]§ 6, S. 210: Our method does not anable us to obtain the intersection chain directly in terms of the cells of the geometric intersection, ... For we have no means of subdiving the containing manifold, say even a region of ordinary space, in such manner, that one of the two intersecting chains is an subchain of a certain $K - L$ while the other is one of its dual.

Nun bringt LEFSCHETZ [7] folgende Tatsache über die Schnittvielfachheit zweier Ketten S und T in einem Punkt p ins Gespräch: Er betrachtet den (offenen) Simplexstern $St\, p$ als lokalen Komplex L im Sinne von VAN KAMPEN [5]. L ist in sich abgeschlossen. Der Punkt p selbst spielt die Rolle des (im übrigen) leeren Simplex. Es seien $S', T' \in L$ diejenigen Zyklen, die wir aus den Einschränkungen $S|St\, p$ und $T|St\, p$ gewinnen. Dann sind S' und T' elementfremd und verschlungen, und die Verschlingungszahl $\mathfrak{v}_L(S', T')$ ist gleich der Schnittvielfachheit von S und T im Punkt p.

Diese Tatsache benutzt LEFSCHETZ [7] IV, § 6 zur Definition der Schnittvielfachheit, und damit eröffnet sich der Zugang zu einer Definition als Strukturvielfachheit. Denn hierbei ist nicht mehr vom Übergang zu abgeänderten Zyklen die Rede (die mit den vorgelegten Zyklen S, T nicht schon mitgegeben wären), wie bei der Benutzung des Homologieprinzips, sondern nur von der Struktur der Ketten S und T selbst, und zwar nur in der „Umgebung" des Schnittpunktes. Eine solche Reduktion von Strukturbeschreibungen auf die Umgebung kennen wir ja auch im Algebraischen, z. B. beim Übergang zu den Gliedern niedrigster Ordnung in den Basisformen eines Ideals, also zum Leitideal. Hier, bei der topologischen Definition nach LEFSCHETZ, wird der Übergang zur „Umgebung" so durchgeführt, daß den gesuchten Kettengruppen im Schnittpunkt andere Kettengruppen auf dem Außenrand des Simplexsternes zugeordnet werden. Nach VAN KAMPEN [5] I § 8 sind diese zu jenen isomorph.

Allerdings zeigt nun eine genauere Betrachtung des von LEFSCHETZ [7] durchgeführten Ausbaues, daß er die entscheidende Beziehung noch nicht im oben angedeuteten Sinne als alleinige Grundlage verwendet. Sondern er findet diese Beziehung als Satz derjenigen Schnitttheorie, die aus dem Homologieprinzip folgt. Erst nach dieser Herleitung kann die Beziehung dann zur Strukturbeschreibung von $S \cdot T$ (nunmehr ohne nochmaligen Übergang zu homologen Ketten) dienen. Die Möglichkeit, einen grundsätzlich andersartigen Aufbau der Theorie durchzuführen, hat LEFSCHETZ wohl empfunden und einen solchen Aufbau für wünschenswert gehalten, aber, soviel ich weiß, nicht selber durchgeführt. Er schreibt [7] IV, § 6, 58:

"The generalized definition of the intersection of subchains of $K - L$ rests upon a preliminary treatment of looping coefficients. The latter require a preliminary treatment analogous to that of § 1,2 (d. h. Schnitte von Ketten zueinander dualer Komplexe). This suggests a development of the theory ab initio along the following lines:

a) Define the looping coefficients for subchains of H_n (also der Sphäre) by a set of properties insuring that they behave as desired.

b) Define the intersections as in the present section. It would seem quite feasible to set up this scheme and the resulting theory should prove particularly attractive on the score of symmetry and simplicity."

Vor allem aber wären, wie gesagt, bei einem solchen Aufbau die Definitionen und die dazu nötigen Beweise so zu führen, daß dabei das Homologieprinzip nicht benutzt wird. Nur dann können wir von einer Strukturvielfachheit sprechen. Das Homologieprinzip muß dann in seiner gesamten Aussage (nicht nur für einfache Schnitte) bewiesen werden. Die Tatsache, daß beide Definitionen numerisch zu denselben Ergebnissen führen, läßt sich zwar indirekt als Beweis ansehen (oder doch zu einem solchen ausbauen); aber die logische Struktur der Abhängigkeit wird allein durch die numerische Übereinstimmung noch nicht recht geklärt.

Es sei mir gestattet, die angedeuteten Linien auszuziehen (§§ 1—4). Dabei zeigt sich, daß der Aufbau im ganzen geschlossener und einfacher wird, wenn man auch die einfachen Punkte in die LEFSCHETZsche Definition mit hinneinnimmt. Dann bedürfen sie nämlich gar keiner Erwähnung, während man sonst den dualen Komplex konstruieren muß. Daß wir gar keine Arten von Schnittpunkten als anderweitig definiert ansehen können, bedeutet aber, daß wir auch den Verschlingungsbegriff mit in die induktive Definition hineinnehmen müssen. Und da der Verschlingungsbegriff wesentlich das Homologieprinzip benötigt, muß auch dessen Beweis sogleich mit in die Induktion hineinverwoben werden.

In § 5 sei dann der Anschluß an die Schnittheorie unter den verschiedensten Gesichtspunkten hergestellt. Es sind alles nur kurze Bemerkungen, und sie sind weder neu noch überraschend. Aber zur Abrundung seien sie hier noch einmal zusammengestellt.

1. Die Objekte, deren Verschlingungszahl wichtig wird, nennt LEFSCHETZ die *Spuren* von S und T. Bei seinem Aufbau kann er sie als Schnitt der Kette mit dem Außenrand des Simplexsternes einführen. Da wir aber noch keinerlei Schnittdefinition zur Verfügung haben, müssen wir auf eine vorläufige Definition der Spur zurückgreifen, die LEFSCHETZ [7] III § 3,41 gegeben hat, und hinterher die Übereinstimmung der beiden Spurbegriffe zeigen.

2. Wir müssen zeigen, daß die LEFSCHETZsche Definition für einfache Punkte, allgemeiner für den Schnitt linearer Räume, dasselbe liefert wie die alte Schnitttheorie.

3. Wir können uns nachträglich von den lokalen Komplexen, also von den Simplexsternen lösen und auf allgemeineren Sphären der weiteren Umgebung des Schnittes arbeiten.

4. Wir müssen zeigen, daß die Schnittvielfachheit nicht von der zufällig gewählten *Triangulation* der Mannigfaltigkeit abhängt, sondern invariant bleibt beim Übergang zu einer anderen Triangulierung. Damit haben wir dann auch den Anschluß an die Schnitttheorie singulärer Zyklen erreicht.

5. Wir wollen uns überzeugen, daß nicht nur im großen die Summe der Vielfachheiten bei einer Spezialisierung erhalten bleibt, sondern daß auch lokal bei einem Grenzübergang die Vielfachheit in einem Punkte gleich der Summe der Vielfachheiten in denjenigen Punkten ist, die in ihn hineinstreben.

6. Schließlich ist zu zeigen, daß umgekehrt aus dem Homologieprinzip mit wenigen Worten die Tatsache folgt, die der LEFSCHETZschen Definition zugrunde liegt.

Im Anhang sei eine einfache Anwendung auf die algebraische Geometrie vorgeführt.

Es seien S und T zwei Kurven der projektiven Ebene, $P = P^0$ ein Schnittpunkt. In den Nachbarpunkten P^j $(j = 0, \ldots, r)$ mögen S und T die Vielfachheit k_1^j und k_2^j haben. In der algebraischen Geometrie wird dann $\sum_0^r k_1^\varrho k_2^\varrho$ als Schnittvielfachheit von S und T definiert und gezeigt, daß diese Definition die einzige ist, bei der sich die Summe der Vielfachheiten aller Schnittpunkte bei einer Spezialisierung allgemeiner Kurvenpaare nicht ändert, bei der also der BÉZOUTsche Satz richtig ist. Diese Definition erscheint so als zweckmäßig, aber nicht ohne weiteres als zwingend. Wir wollen zeigen, daß diese Vielfachheitsbestimmung aus der LEFSCHETZschen Definition ableitbar ist.

§1. Bezeichnungen

1) Wir arbeiten in einer Mannigfaltigkeit $\mathfrak{R}^n$ und zwar ‚*im Kleinen*'. Zu jedem Punkt $p \in \mathfrak{R}$ gibt es eine Kugelumgebung $\mathfrak{U}(p)$, d. h. eine abgeschlossene Umgebung, die sich in einen azyklischen krummen orientierbaren simplizialen Komplex $L = L(p)$ so einteilen läßt, daß der Simplexstern des Trägers von p im Innern von L liegt. Der Punkt p ist als solcher dabei nicht wesentlich; wir können zu demselben L gelangen, wenn wir von irgend einem anderen inneren Punkt $p_1 \in \mathfrak{U}(p)$ ausgehen. Deshalb wollen wir den Punkt p nicht mitnotieren, wenn keine Mißverständnisse zu befürchten sind.

L hat einen Rand $\dot{L}$; wir setzen $R = L/\dot{L}$ und meinen mit Zyklen und Homologiegruppen solche in R.

R nennen wir einen Komplex ‚*im Kleinen*' im Unterschied zu den ‚*lokalen*' Komplexen von VAN KAMPEN [5]. Dort wird im Simplexstern von p gearbeitet, während wir uns größere Komplexe bereitgestellt haben.

2) Insbesondere benötigen wir *Sphären* K als spezielle Mannigfaltigkeiten. Wo wir sie brauchen, werden wir eine Triangulation der ganzen Sphäre voraussetzen. Es sei angemerkt, daß der Grundzyklus der 0-Sphäre aus zwei entgegengesetzt orientierten Punkten besteht.

3) Der Koeffizientenbereich sei ein Ring Γ ohne Nullteiler, z. B. der Ring der ganzen Zahlen.

4) Mit einem rechten oberen Index wollen wir immer die Dimension r eines Gegenstandes $G^r = G$ bezeichnen. Er soll nicht der individuellen Unterscheidung dienen, und wir wollen ihn weglassen, wenn die Angabe der Dimension im Augenblick nicht erforderlich ist.

5) Ist C^r eine Kette, so sei $|C^r|$ der Komplex aller r-Simplizes, die in C mit von 0 verschiedenen Koeffizienten vorkommen, und ihrer Seiten.

6) Es sei C eine orientierte irreduzible Pseudomannigfaltigkeit. Dann sei einer ihrer beiden Grundzyklen mit $\underline{C}$ (der andere mit $-\underline{C}$) bezeichnet. Es ist also $|\underline{C}| = C$.

7) Bei einem einzelnen orientierten Simplex x^r wollen wir in der Bezeichnung nicht unterscheiden, ob wir es als Element x von R oder als Element $x = \underline{x}$ der r-ten Kettengruppe auffassen wollen.

8) Der Koeffizient eines Simplex x^r in einer Kette C^r sei mit $m(C, x)$ bezeichnet.

9) Absolute Komplexe, insbesondere die Sphären, seien *augmentiert* durch Hinzunahme des leeren Simplex s^{-1}. Für jeden Punkt x^0 ist $\partial x^0 = s^{-1}$.

Die Komplexe R im Kleinen seien nicht augmentiert. Sie sind relative Komplexe $L/\dot{L}$, und eine Augmentierung von L würde durch die Quotientenbildung wieder aufgehoben, da s^{-1} auch zu $\dot{L}$ gehört.

10) Sind $x^p = (a_0, \ldots, a_p)$ und $y^q = (b_0, \ldots, b_q)$ Seiten desselben Simplex und haben sie keine Ecke gemein, so sei unter dem Verbindungssimplex $x^p y^q$ das $(p + q + 1)$-Simplex $(a_0, \ldots, a_p, b_0, \ldots, b_q)$ verstanden. Wir sagen, x und y seien verbindbar. Ist $C^p = \sum_1^r \alpha_i x_i^p$ und erfüllt jedes Simplex x_i^p mit einem festen Simplex y^q die eben angegebene Voraussetzung, so sei die Verbindungskette $C^p y^q = \sum_1^r \alpha_i x_i^p y^q$. Es ist $(\alpha_i =)\, m(Cy, x_i y) = m(C, x_i)$.

11) x^r $(0 \leq r \leq n)$ sei ein Simplex. Unter dem *Simplexstern* $St(x)$ versteht man den Komplex aller Simplizes, die x als Seite haben. Die Orientierung von $\underline{St(x)}$ sei durch die von $\underline{R^n}$ gegeben.

Unter dem *Außenrand* $A(x)$ dieses Simplexsternes versteht man den Komplex derjenigen Seiten der Simplizes von $St(x)$, die mit x keinen Eckpunkt gemein haben. Weil R eine Mannigfaltigkeit ist, ist $A(x)$ eine $(n - r - 1)$-Sphäre. Die Orientierung der $(n - r - 1)$-Simplizes von $\underline{A(x)}$ sei so gewählt, daß die Verbindungskette $x\, \underline{A(x)} = \underline{St(x)}$ wird. Es ist $\underline{St(x^n)} = x^n$, $\underline{A(x^n)} = s^{-1}$. Es ist $\dim A(x^r) = n - r - 1$.

Von s^{-1} wollen wir den Stern nicht bilden. $St\, x$ für ein Simplex $x^r (r \geqq 0)$ kann nicht augmentiert sein.

$A(x)$ sei immer augmentiert. Beim Übergang von $St\, x$ zu $A(x)$ wird x selbst dem s^{-1} zugeordnet.

Wir werden Stern und Außenrand nicht nur in R, sondern auch in Untermannigfaltigkeiten M betrachten müssen. Wenn nötig, fügen wir dann M als Index hinzu und schreiben $St_M(x)$ und $A_M(x)$.

12) $A \doteq B$ bedeute: Für den bereits bekannten Ausdruck A soll zur Abkürzung der Buchstabe B eingeführt werden.

13) Das Ende eines Beweises sei durch □ bezeichnet.

14) Es sei Q ein Teilkomplex von R und C eine Kette. Unter der *Einschränkung* $C|Q$ versteht man die Summe derjenigen Glieder von C, die zu Q gehören.

§2. Die Spur

Wir gehen aus von der Definition der Spur, wie sie LEFSCHETZ [7] III §3, S. 152 gegeben hat: Es sei x^r $(0 \leqq r \leqq n)$ ein Simplex, C^j eine j-Kette $(j \geqq r)$. Die Einschränkung $C|St\,x$ können wir als Verbindungskette $x\,C_1^{j-r-1}$ mit $C_1 \in A(x)$ schreiben. C_1 heiße dann die *Spur* $Sp(C, x)$ von C auf $A(x)$. Ist $x \notin |C|$, so sei $Sp(C, x) = 0$. Es ist $Sp(x, x) = s^{-1}$. Die Spur $Sp(C, s^{-1})$ wollen wir nicht definieren. Für die Spur gelten folgende Regeln:

1) Die Bildung der Spur ist mit der Bildung der Linearkombination vertauschbar. $Sp\,(\sum \lambda_i\, C_i, x) = \sum \lambda_i\, Sp(C_i, x)$.

2) Die Spurbildung ist mit der Randbildung bis auf den Vorzeichenfaktor $(-)^{r+1}$ vertauschbar.

$$\partial Sp(C, x) = (-)^{r+1}\, Sp(\partial C, x)\,. \tag{2.1}$$

Um die Spur $Sp(\partial C, x) = Sp\,(\partial(C|St\,x), x)$ zu finden, stellen wir aus $\partial\,(C|St\,x) = \partial\,(x\,Sp(C, x)) = (\partial x)\,Sp(C, x) + (-)^{r+1}\,x\,\partial Sp(C, x)$ die Glieder $\partial(C|St\,x)|St\,x = (-)^{r+1}\,x\,\partial Sp(C, x)$ zusammen, die x als Seite haben. Da $A(x)$ augmentiert ist, gilt (2.1) auch für $j = r + 1$, dagegen nicht für $j = r$.

3) Die Simplizes x^s und y^t seien verbindbar im Sinne von § 1.10. Dann ist

$$\underline{A}_{A(x)}(y)\;(\doteq B) = \underline{A\,(x\,y)}\,, \tag{2.2}$$

$$\underline{Sp(A(x), y)}\;(\doteq C) = \underline{A\,(x\,y)}\,, \tag{2.3}$$

$$Sp_{A(x)}[Sp(S, x), y]\;(\doteq D) = Sp\,(S, x\,y)\,. \tag{2.4}$$

Denn alle Simplizes von B und C sind mit x und y verbindbar, und es ist

$$y\,B = y\,C = \underline{St}_{A(x)}(y)\,, \qquad y\,D = Sp(S, x)|St\,y\,,$$

$$x\,y\,B = x\,y\,C = \underline{St}_R\,(x\,y) \qquad x\,y\,D = S|St\,y\,,$$

und daraus folgen (2.2) bis (2.4).

§3. Definition von Schnittkette und Verschlingungszahl

Es seien S^s und T^t zwei Ketten aus R^n. Unser Ziel sei, die Schnittkette zu definieren. Sie sei mit $S \cdot T$, oder, wenn R hervorgehoben werden soll, mit $S \underset{R}{\cdot} T$ bezeichnet. Ist $s + t < n$, so werde $S \cdot T$ nicht definiert. Insbesondere ist $s^{-1} \cdot T$ für jedes T nicht definiert. Ist $s + t \geqq n$, so ist es nicht schwer, die daran beteiligten Simplizes aufzuzählen: x ist ein solches, wenn sich in jeder der beiden Ketten ein Simplex mit nicht verschwindendem Koeffizienten findet, das x zur Seite hat. Uns soll die Frage beschäftigen, mit welcher Orientierung und mit welcher Vielfachheit x für den Schnitt zu zählen sei, also die Frage nach $m(S \cdot T, x)$.

Wir machen mit LEFSCHETZ [7] IV, § 6,53, S. 211 die Voraussetzung, daß S und ∂S beide T und ∂T *regulär* schneiden.

Verschlingungszahlen sind nur sinnvoll auf orientierten Sphären $K = K^q$ für Zyklen S^s und T^t mit $s + t = q - 1$, die keinen Punkt gemein haben.

Die Verschlingung $\mathfrak{V}$ und den Schnitt $\mathfrak{S}$ definieren wir abwechselnd durch Induktion nach $n - t$. In diese Induktionskette müssen wir den Beweis des Homologieprinzips $\mathfrak{H}$ mit hineinflechten, und zwar nach den folgenden Schemata. Darin bedeute ein oberer Index die Dimension des Raumes, ein unterer Index h den Wert von $n - t$.

I. $\cdots \to (\mathfrak{V}^{n-1}, \mathfrak{S}^n) \to \mathfrak{H}^n \to (\mathfrak{V}^n, \mathfrak{S}^{n+1}) \to \cdots$

Für jedes n verfolgen wir eine zweite Induktionskette

II. $\cdots \to \mathfrak{V}_h^{n-1} \to \mathfrak{S}_h^n \to \mathfrak{V}_{h+1}^{n-1} \to \cdots.$

Zunächst ist das Homologieprinzip für $n = 0$ an sich richtig, wenn auch inhaltsleer: Es ist $s = 0$, $t = 0$. Zwei 0-Zyklen sind dann und nur dann homolog, wenn sie identisch sind. Das Homologieprinzip gilt also für $n = 0$, wie wir auch die Schnittzahlen definieren werden.

Wir nehmen nun an, das Homologieprinzip sei für augmentierte Sphären K^q mit $q \leqq n - 1$ bereits bewiesen. Wir verfolgen zunächst die II. Induktionskette, beginnen mit $h = 0$ und setzen

$$\mathfrak{v}_{\varepsilon K}(k\, s^{-1}, l\, K^q) = \varepsilon\, k\, l \qquad (k, l \in \Gamma, q \geqq -1, \varepsilon = \pm 1)\,. \tag{3.1}$$

Dann definieren wir die *Schnittketten*. Angenommen, die Verschlingungszahlen seien für alle Sphären K^q mit $q \leqq n - 1$ und alle Zyklen bis zu einem gewissen Wert von $n - t = h$ bereits definiert. Es seien S^s und T^t Ketten in einer Mannigfaltigkeit R^n, und es sei $n - t = h$, $s + t - n \geqq 0$. x^{s+t-n} sei ein Simplex. Liegt $x \notin |S|$ oder $x \notin |T|$, so sei $m(S \cdot T, x) = 0$. Es sei jetzt $x \in |S|$ und $x \in |T|$, also wegen der Regularität der Schnitte $x \notin |\partial S|$, $x \notin |\partial T|$. Dann ist nach (2.1) $\partial Sp(S, x) = Sp(\partial S, x) = 0$, $\partial Sp(T, x) = 0$; also sind $Sp(S, x)$ und $Sp(T, x)$ Zyklen auf der Sphäre $A(x)$. Es ist $\dim A(x) = 2n - s - t - 1 \leqq n - 1$. Weiter ist
$\dim A(x) - \dim Sp(T, x) = (2n - s - t - 1) - (n - s - 1) = h.$

$$\dim Sp(S, x) + \dim Sp(T, x) = \dim A(x) - 1\,.$$

Außerdem sind $Sp(S, x)$ und $Sp(T, x)$ punktfremd, denn wäre y^0 ein gemeinsamer Punkt, so wäre $y^0\, x \in S$, $y^0\, x \in T$, was der Regularität des

Schnittes zuwiderliefe. Es sind also alle Bedingungen für die Existenz der Verschlingungszahl erfüllt, und wir können definieren

$$m\,(S \dot{{}_R} T, x) = \mathfrak{v}_{A(x)}\,(Sp(S, x), Sp(T, x))$$

also

$$S \dot{{}_R} T = \sum_x x \cdot \mathfrak{v}_{A(x)}\,(Sp(S, x), Sp(T, x)) \,. \tag{3.2}$$

Von dieser Formel wollen wir die Fälle $n = t$ und $s + t = n$ besonders hervorheben. Es sei $t = n$, $x = x^s \in S$.

Wir betrachten die Simplizes $y^n \in St(x)$; sie seien beliebig, aber kohärent orientiert, d. h., $m(R, y)$ habe für alle diese y denselben Wert. Wegen der Regularität ist $x \notin \partial T$; deshalb hat $m(T, y)$ für alle diese y denselben Wert. Es ist $Sp(S, x) = m(S, x) \cdot s^{-1}$, $Sp(T, x) = m(T, y) \cdot m(R, y) \cdot A(x)$, also

$$m\,(S \dot{{}_R} T, x) = m(S, x) \cdot m(T, y^n) \cdot m(R, y^n) \quad \text{für} \quad t = n,\, y^n \in St(x)\,. \tag{3.3}$$

Weiter sei $s + t = n$ und R^n ein augmentierter absoluter Komplex. Der Schnitt besteht geometrisch aus Punkten x^0. Sie seien positiv orientiert, d. h., es sei $\partial x^0 = + s^{-1}$. Dann heißt

$$\sum_{x^0} m\,(S \cdot T, x^0) = \emptyset(S, T) \tag{3.4}$$

der *Schnittindex*. Es ist $\partial\,(S \cdot T) = \emptyset(S, T) \cdot s^{-1}$. Bei Schnitten von Ketten und Coketten, d. h. von Ketten auf zwei zueinander dualen Komplexen, ist dies der KRONECKER-Index.

Es bleibt noch die *Verschlingungszahl* zu definieren. Angenommen, es seien alle Schnitte $S^s \cdot T^t$ in R^n bis zu einem Wert h von $n - t$ definiert. Es seien auf einer Sphäre K^q $(0 \leqq q \leqq n - 1)$ die punktfremden Zyklen S^s und T^t mit $s + t = q - 1$, $s \neq -1$ und $q - t = h + 1$ vorgelegt. Da $t < q$, ist $T \sim 0$ auf K, und es gibt eine Kette C^{t+1} mit $\partial C = T$. Wir können, u. U. erst nach einer Verfeinerung der Triangulierung, C so wählen, daß C und S sich regulär, also nur in einzelnen Punkten schneiden. Dann ist $\dim{(K)} - \dim C = h$, und wir können definieren

$$\mathfrak{v}_K(S, T) = \emptyset(S, C)\,, \qquad \text{wenn} \qquad \partial C = T\,. \tag{3.5}$$

Wir schließen in der üblichen Weise, daß damit die Verschlingungszahl wohldefiniert, d. h. unabhängig von der speziellen Wahl der Kette C ist. Ich führe den Beweis hier vor, um anzumerken, wo und in welcher Form wir das Homologieprinzip brauchen.

Es sei C' eine andere Kette mit $\partial C' = T$. Dann ist $C - C'$ ein Zyklus auf K. Wir unterscheiden zwei Fälle: Ist $t = q - 1$, so ist $C - C' = k \cdot \underline{K}$ mit ganzzahligem k, weil $\underline{K}$ die q-Zyklengruppe von K erzeugt. Es ist $s = 0$, also $S = \sum c_i x_i^0$, mit Punkten x_i^0 in positiver Orientierung und $\sum c_i = 0$, weil $\partial S = 0$ ist. Dann ist

$$\emptyset(S, C) - \emptyset(S, C') = \emptyset\,(S, C - C') = \emptyset\,(\textstyle\sum c_i x_i, k \cdot \underline{K}) = \sum c_i k\, \emptyset\,(x_i, \underline{K}) = 0\,;$$

weil $\text{ø}(x_i^0, K) = +1$ ist für alle i. In diesem Fall brauchen wir das Homologieprinzip nicht. Für $n = 1$ kommen nur dieser Fall sowie (3.1) in Betracht.

Ist $-1 \leqq t \leqq q - 2$, so ist $C - C' \sim 0$, weil K eine Sphäre ist, und es ist $S \cdot (C - C') \sim 0$, also $\text{ø}(S, C) = \text{ø}(S, C')$ nach dem Homologieprinzip. Für $t = -1$ ist zu beachten, daß die 0-te Homologiegruppe der augmentierten Sphäre die 0-Gruppe ist.

Satz 3.1 Es seien S^s und T^t Ketten; es sei x^u ein u-Simplex mit $u < s + t - n$. Dann ist

$$Sp(S, x) \underset{A(x)}{\cdot} Sp(T, x) = Sp\,(S \underset{R}{\cdot} T, x)\,, \tag{3.6}$$

d. h., *die Spurbildung ist mit der Schnittbildung vertauschbar.*

Die Dimension der rechten und linken Seite von (3.6) ist $v = s + t - - n - u - 1$. Es sei $y^v \in A(x)$ ein v-Simplex. Wir bilden

$$\hat{S} = Sp_{A(x)}\,[Sp(S, x), y]\,, \quad \hat{T} = Sp_{A(x)}[Sp(T, x), y]\,; \quad \hat{A} = A_{A(x)}(y)\,,$$

dann ist

$$m\,(Sp(S, x) \underset{A(x)}{\cdot} Sp(T, x), y) = \mathfrak{v}_{\hat{A}}(\hat{S}, \hat{T})\,.$$

Andererseits ist $\hat{S} = Sp\,(S, x\,y)$, $\hat{T} = Sp\,(T, x\,y)$, $\hat{A} = A\,(x\,y)$ nach (2.2) und (2.4), also $\mathfrak{v}_{\hat{A}}(\hat{S}, \hat{T}) = m\,(S \cdot T, x\,y)$, und dies ergibt die Behauptung.

§4. Die Hauptregeln

Wir wollen uns davon überzeugen, daß die altbekannten Rechenregeln für Schnitte auch aus der neuen Definition folgen.

Es gelte also das Homologieprinzip für augmentierte Sphären K^q mit $q \leqq n - 1$, und es seien Schnittketten im R^n, die Verschlingungszahlen in Sphären K^q mit $q \leqq n - 1$ definiert. Dann gilt

(4.1a) *Die Bildung der Schnittkette, des Schnittindex und der Verschlingungszahl sind mit der Bildung einer Linearkombination vertauschbar.*

(4.1b, c) *Bei einer Umorientierung der Mannigfaltigkeit R bzw. K kehren sich die Vorzeichen der Schnitte und Verschlingungszahlen um:*

b) $m\,(S \underset{-R}{\cdot} T, x) = -\,m\,(S \underset{R}{\cdot} T, x)\,,$

c) $\mathfrak{v}_{-K}(S, T) = -\,\mathfrak{v}_K(S, T)\,.$

(4.2) Vertauschungsregeln

a) $T^t \cdot S^s = (-)^{(n-s)(n-t)}\; S \cdot T\,,$

b) $\text{ø}(T^t, S^s) = (-)^{s \cdot t}\, \text{ø}(S^s, T^t) \qquad (s + t = n)\,,$

c) $\mathfrak{v}(T^t, S^s) = (-)^{(q-s)(q-t)}\, \mathfrak{v}(S^s, T^t) \quad (-1 \leqq s, t \leqq q;\, s + t = q - 1)\,.$

(4.3) Randbildung

a) $\partial\,(S^s \cdot T^t) = S^s \cdot \partial T^t + (-)^{n-t}\, \partial S^s \cdot T^t \begin{pmatrix} 1 \leqq s, t \leqq n \\ s + t \geqq n + 1 \end{pmatrix}$,

b) $\text{ø}\,(\partial S^s \cdot T^t) = (-)^s\, \text{ø}(S^s, \partial T^t) \qquad \begin{pmatrix} 1 \leqq s, t \leqq n \\ s + t = n + 1 \end{pmatrix}$.

(Für $s + t = n$ wäre in (4.3a) wohl die linke, aber nicht mehr die rechte Seite definiert.)

(4.4) Assoziationsregeln

(a) $S^s \cdot (T^t \cdot U^u) = (S^s \cdot T^t) \cdot U^u$, $\qquad \text{ø}\,(S^s, T^t \cdot U^u) = \text{ø}\,(S^s \cdot T^t, U^u)$.

(4.5) Homologie

Aus den Regeln (4.1—4) folgen dann einige Regeln über homologe Zyklen, insbesondere das Homologieprinzip. Wir werden sie formulieren, wenn wir sie beweisen wollen.

Beweise: Die Regeln 4.1a—c gelten für $t = n$ bzw. $t = q$. Allgemein lassen sie sich durch Induktion nach $n - t$ beweisen, und zwar für Verschlingungszahlen als Folge von (3.5), für Schnittzahlen als Folge von (3.2). Dabei ist zu beachten, daß sich mit der Orientierung von R auch die Orientierung jedes Simplexsternes $\underline{St}(x)$ und seines Außenrandes $\underline{A}(x)$ umkehrt.

Die Regeln 2. und 3. beweisen wir durch Induktion in der folgenden logischen Kette

2a, b)	→	3a)	→	2c)	→	2a, b)
für $n - t = h - 1$		für $n - t = h - 1$		für $q - t = h$		für $n - t = h$.

Die Regeln 2a, b) für $n = t$ beweisen wir durch Induktion nach n. Es sei x^s $(0 \leqq s \leqq n)$ ein Simplex $x \in |S|$, $x \notin |\partial T|$; es sei $m(S, x) = k$. Wir betrachten die Simplizes $y^n \in St(x)$; für sie ist $m(R, y) = +1$, und $m(T, y)$ hat für sie alle denselben Wert, etwa $m(T, y) = l$.

Wir behaupten

$$m\,(S \cdot T, x) = m\,(T \cdot S, x) = k \cdot l\,. \tag{4.6}$$

Für $n = 0$ ist $s = 0$ und $t = 0$. In (3.3) ist $y = x$ und $m\,(S \cdot T, x) = m\,(T \cdot S, x) = m(S, x) \cdot m(T, x) \cdot m(R, x)$.

Angenommen, (4.6) sei für die Mannigfaltigkeiten R mit $\dim R < n$ bewiesen, und es sei ein Tripel R^n, S^s, T^n vorgelegt. Dann ist $m\,(S \cdot T, x) = k \cdot l$ nach (3.3) und nach (3.2)

$$m\,(T \cdot S, x) = \mathfrak{v}_{A(x)}\big(Sp(T, x), Sp(S, x)\big)\,. \tag{3.2}$$

Nun ist $Sp(T, x) = l\,A(x)$, $Sp(S, x) = k\,s^{-1}$. Es sei $e^0 \in A(x)$ ein Punkt. Dann ist $\partial k\,e = Sp(S, x)$ und

$$\mathfrak{v}_{A(x)}\big(Sp(T, x), Sp(S, x)\big) = m\big(l\,A(x)\,{}_{A(x)}\,k\,e, e\big) = k\,l\,. \qquad (4.7)$$

Denn es ist $\dim A(x) = n - s - 1 < n$, und wir können die Induktionsvoraussetzung anwenden; $m\big(l\,A(x)_{A(x)}\,k\,e, e\big) = m\big(k\,e_{A(x)}\,l\,A(x), e\big)$ und (4.7) ergibt die Behauptung (4.6). Die Regel 2b) ist dann ein Sonderfall.

Regel 4.3a): Den Beweis der Regel 4.3a) können wir von LEFSCHETZ [7] IV, S. 213 übernehmen; wir müssen ihn aber noch einmal darlegen, um aufzuzeigen, wo wir die Induktionsvoraussetzungen benutzen.

Angenommen, es sei (4.2a, b) für einen Wert $n - t = h - 1$ bewiesen. Um 4.3a) für denselben Wert $n - t = h - 1$ zu beweisen, betrachten wir ein $(s + t - n - 1)$-Simplex y^u mit $u = s + t - n - 1$. Wegen der Regularität der Schnitte kann nicht gleichzeitig $y \in |\partial S|$ und $y \in |\partial T|$ sein. Ist $y \in |\partial S|$, $y \notin |\partial T|$, so ist $m\,(S \cdot \partial T, y) = 0$. Es sei jetzt $y \notin |\partial S|$.

Wir fassen die elementare u-Cokette η ins Auge, für die der KRONECKER-Index $(y, \eta) = +\,1$, $(z^u, \eta) = 0$ für $z^u \neq y$. Dann ist $m\,(S \cdot T, y) = (S \cdot T, \eta)$ und nach der STOKESschen Formel

$$\big(\partial\,(S \cdot T), \eta\big) = (S \cdot T, \delta\,\eta)\,.$$

Nun seien x_i $(i = 1, \ldots, r)$ diejenigen $(u + 1)$-Simplizes aus R, für die $(x_i, \delta\,\eta) = +\,1$ ist.

Es ist $\partial x_i = y + \cdots$

$$m\,\big(\partial\,(S \cdot T), y\big) = \sum_1^r m\,(S \cdot T, x_i) =$$
$$= \sum \mathfrak{v}_{A(x_i)}\big(Sp(S, x_i), Sp(T, x_i)\big) \doteq \sum V_i\,. \qquad (4.8)$$

Die x_i lassen sich in der Form $e_i\,y = (-)^{u+1}\,y\,e_i$ schreiben, wo die e_i Punkte sind. Nach (2.2—2.4) ist

$$A_{A(y)}(e_i) = A_R\,(y\,e_i) = (-)^{u+1}\,A_R(x_i)\,,$$
$$Sp_{A(y)}\,[Sp(S, y), e_i] = (-)^{u+1}\,Sp_R(S, x_i)\,,$$

also

$$V_i = (-)^{u+1}\,\mathfrak{v}_{A(e_i)}\big(Sp[Sp(S, y), e_i], Sp\,[Sp(T, y), e_i]\big)\,,$$

wobei die Spuren und der Außenrand auf die Mannigfaltigkeit $A(y)$ bezogen sind. Weiter ist

$$V_i = (-)^{u+1}\,m\,\big(Sp(S, y)_{A(y)}\,Sp(T, y), e_i\big) \qquad \text{und}$$
$$m\,\big(\partial\,(S \cdot T), y\big) = (-)^{u+1} \sum m\,\big(Sp(S, y)\,{}_{A(y)}\,Sp(T, y), e_i\big)\,. \qquad (4.9)$$

Andererseits ist

$$m\,(S \cdot \partial T, y) = (-)^{u+1}\,\mathfrak{v}_{A(y)}\big(Sp(S, y), \partial Sp(T, y)\big)$$

nach (2.1) und (3.2)

$$= (-)^{u+1}\, ø_{A(y)}\big(Sp(S, y), Sp(T, y)\big)\,.$$

Die Schnittpunkte von $Sp(S, y)$ und $Sp(T, y)$ sind nun gerade die Punkte e_i, und es ist nach (3.4)

$$(-)^{u+1}\, ø_{A(y)}\big(Sp(S, y), Sp(T, y)\big) = (-)^{u+1} \sum_1^r m\,\big(Sp(S, y)\,{}_{A(y)}\, Sp(T, y), e_i\big)$$

$$= m\,\big(\partial\,(S \cdot T), y\big) \quad \text{nach (4.9)}.$$

Es ist also (für $y \in |\partial T|$, $y \notin |\partial S|$)

$$m\,\big(\partial\,(S \cdot T), y\big) = m\,(S \cdot \partial T, y)\,. \tag{4.10}$$

Ist $y \in |\partial S|$, $y \notin |\partial T|$, so ist ebenso

$$m\,\big(\partial\,(T \cdot S), y\big) = m\,(T \cdot \partial S, y)\,.$$

Wir dürfen hier auf beiden Seiten die Regel 2a) anwenden, weil die Differenz der Dimensionen $h - 1$ nicht übersteigt. Heben wir dann rechts und links den Faktor $(-)^{(n-s)(n-t)}$ weg, so wird

$$m\,\big(\partial\,(S \cdot T, y)\big) = (-)^{n-t}\, m\,(\partial S \cdot T, y)\,. \tag{4.11}$$

Multiplizieren wir (4.10) und (4.11) jeweils mit y und bilden die Summe über alle u-Simplizes, so wird

$$\partial\,(S^s \cdot T^t) = S \cdot \partial T + (-)^{n-t}\, \partial S \cdot T\,.$$

Regel 3b folgt sofort aus 3a). Es sei nämlich $s + t = n + 1$, $S \cdot T$ eine 1-Kette, e_i $(i = 1, \ldots, r)$ die Punkte darauf. Es ist

$$0 = \partial\partial\,(S \cdot T) = \partial \sum_1^r m\,\big(\partial\,(S \cdot T), e_i\big) \cdot e_i = \sum_1^r m\,\big(\partial\,(S \cdot T), e_i\big)\, s^{-1}\,,$$

nach Regel 3a) also

$$\sum_1^r m\,(S \cdot \partial T, e_i) + (-)^{n-t} \sum_1^r m\,(\partial S \cdot T, e_i) = 0$$

und $ø(S, \partial T) = (-)^s\, ø(\partial S, T)$, weil $n - t - 1 = s$ ist.

Um (4.2c) für $n - t = h$ zu beweisen, betrachten wir zwei Zyklen S^s und T^t $(s + t = q - 1)$ auf einer Sphäre. Es gibt solche Ketten C^{s+1} und D^{t+1}, daß $\partial C = S$, $\partial D = T$ ist. Dann wird

$$\mathfrak{v}(T, S) = ø(T, C) = (-)^{t+1}\, ø(D, S) \text{ nach Regel 3b) mit } q - \dim D = h - 1$$

$$= (-)^{(q-s)+(q-t-1)(q-s)}\, ø(S, D) \text{ nach Regel 2b)}$$

$$= (-)^{(q-s)(q-t)}\, \mathfrak{v}(S, T)\,.$$

Aus (4.2c) für $n - t = h$ folgt dann auf Grund von (3.2) sofort (4.2a) für $n - t = h$.

Regel 4: Wir führen den Beweis durch Induktion nach n. Für $n = 0$ sind die Regeln trivial: Es ist $s = t = u = 0$. Es sei x^0 ein Punkt. Dann ist nach zweimaliger Anwendung von (3.3):

$$m(S \cdot T) \cdot U, x) = m\left(S \cdot (T \cdot U), x\right) = m(S, x) \cdot m(T, x) \cdot m(U, x) \cdot \left(m(R, x)\right)^2.$$

Es sei nun n beliebig; die Regeln 4 mögen für alle kleineren Dimensionen gelten. Es seien die Dimensionen von zweien unserer Ketten, etwa $t = u = n$; es sei x^s ein Simplex $x \notin |\partial T|$, $x \notin |\partial U|$; y^n ein Simplex $y \in St(x)$. Dann ist nach (3.3)

$$m\left(S \cdot (T \cdot U), x\right) = m(S, x) \cdot m(T, y) \cdot m(U, y) \cdot \left(m(R, y)\right)^2$$

und denselben Wert erhalten wir nach Regel 2a) bei jeder möglichen Reihenfolge und jeder möglichen Klammersetzung.

Wir betrachten drei Ketten S^s, T^t, U^u mit $v \doteq s + t + u - 2n \geqq 0$. Es sei höchstens eine der drei Ketten n-dimensional; wir können o. B. d. A.. annehmen, $s, t < n$. Dann ist $v \leqq s, t, u$. Es sei x^v eine v-Simplex, $x \in |S|, |T|, |U|$. Die Spuren $Sp(S, x)$, $Sp(T, x)$, $Sp(U, x)$ haben eine Dimension $\geqq 0$. Wir bilden eine solche Kette $C^{u-v} \in A(x)$, daß $\partial C = Sp(U, x)$. Dann ist

$$\begin{aligned} m\left(S \cdot (T \cdot U), x\right) &= \mathfrak{v}\left(Sp(S, x), Sp(T, x) \cdot Sp(U, x)\right) \text{ nach (3.2) und 3.6)} \\ &= \text{ø}\left(Sp(S, x), Sp(T, x) \cdot C\right) \end{aligned}$$

weil $\partial Sp(T, x) = 0$ und $\partial\left(Sp(T, x) \cdot C\right) = Sp(T, x) \cdot \partial C$ nach Regel 3a).

Ebenso ist

$$\begin{aligned} m\left((S \cdot T) \cdot U, x\right) &= \mathfrak{v}\left(Sp(S, x) \cdot Sp(T, x), Sp(U, x)\right) \\ &= \text{ø}\left(Sp(S, x) \cdot Sp(T, x), C\right). \end{aligned}$$

Die beiden Schnittindizes beziehen sich auf Sphären mit einer kleineren Dimension als u und sind nach der Induktionsannahme einander gleich. Damit sind die Regeln 4 bewiesen.

Regeln (4.5): Es sei $n \geqq 1$.

4.5a) *Sind S^s und T^t ($s + t \geqq n + 1$) Zyklen, so ist auch $S \cdot T$ ein Zyklus*
Denn nach Regel (4.3a) ist $\partial(S \cdot T) = S \cdot \partial T + (-)^{n-t}\, \partial S \cdot T = 0$.

4,5b) Ist R^n eine *augmentierte Sphäre* K^n, so gilt (4.5a) auch für $s + t = n$. Ist nämlich $t = n$, also $T = k \cdot K$ ($k \in \Gamma$), so ist $S \cdot T = k \cdot S$ nach (3.3) also ein Zyklus. Ist $t \leqq n - 1$, so gibt es eine Kette C^{t+1} mit $\partial C = T$, und nach (4.3a) ist

$$\partial(S \cdot C) = S \cdot T + (-)^{n-t-1}\, \partial S \cdot C = S \cdot T.$$

Ist R^n nicht augmentiert, so ist $S \cdot T$ als 0-Kette trivialerweise ein Zyklus. In allgemeinen augmentierten Komplexen braucht jedoch $S \cdot T$ für $s + t = n$ kein Zyklus zu sein.

4.5c) Es sei S^s ein Zyklus und T^t und T'^t $(s + t \geqq n)$ solche Ketten, daß $\partial T = \partial T'$ und $T - T' \sim 0$. *Dann ist auch* $\partial(S \cdot T) = \partial(S \cdot T')$ *und* $S \cdot T - S \cdot T' \sim 0$. Für $t < n$ gibt es eine Kette C^{t+1} mit $\partial C = T - T'$ und nach Regel (4.3a) ist $\partial(S \cdot C) = S(T - T')$. Dies ist also ein Zyklus und 0-homolog. Für $t = n$ folgt $T = T'$; $S \cdot T = S \cdot T'$.

Ist insbesondere $S \cdot T$ ein Zyklus, so auch $S \cdot T'$ und es ist $S \cdot T \sim S \cdot T'$.

4.5d) *Auf augmentierten Sphären gilt das Homologieprinzip für* $s + t \geqq n$. Sind nämlich in 4.5c) auch T und T' Zyklen, so auch $S \cdot T$ und $S \cdot T'$. Damit ist die in § 3 begonnene Induktionskette I geschlossen.

4.5e) In nicht augmentierten endlichen absoluten Komplexen gilt das Homologieprinzip für $s + t \geqq n$, und für $s + t = n$ ist insbesondere

$$ø(S \cdot T) = ø(S, T') . \tag{4.12}$$

In augmentierten endlichen absoluten Komplexen gilt das Homologieprinzip für $s + t \geqq n + 1$.

Für $s + t = n$ kann man im allgemeinen nur sagen, daß (4.12) gilt, aber nicht, daß $S \cdot T$ und $S \cdot T'$ Zyklen sind.

4.5f) In unseren Komplexen im Kleinen gilt das Homologieprinzip, ist aber inhaltleer, weil jeder Punkt ein Zyklus und jeder Zyklus 0-homolog ist. Dagegen braucht (4.12) nicht zu gelten.

4.5g) Sind S, T, T' Zyklen in K^q und $T \sim T'$ in $K \setminus S$ $(s + t = q - 1)$, so ist $\mathfrak{v}(S, T) = \mathfrak{v}(S, T')$. Denn es gibt eine Kette C^{t+1}, für die $\partial C = T - T'$, $C \in K \setminus S$ ist, und es ist $\mathfrak{v}(S, T) - \mathfrak{v}(S, T') = \mathfrak{v}(S, T - T') = ø(S, C) = 0$.

§5. Weitere Rechenregeln

Wir benötigen einige solche für das Spätere.

a) Zunächst ist für beliebige Ketten S^s und Simplizes x^r $(r \geqq 0, s \geqq r + 1)$

$$Sp(S, x) = S \cdot \underline{A}(x) . \tag{5.1}$$

(Für $s = r$ ist zwar $Sp(S, x) = m(S, x) \cdot s^{-1}$, aber $S \cdot \underline{A}(x)$ ist nicht definiert).

Dies benutzt Lefschetz [7], S. 212 als Definition der Spur. Er nimmt dabei S aus einem Komplex, $A(x)$ aus dem dazu dualen und kann die Poincaresche Definition des Schnittes verwenden. Die Äquivalenz dieser Definition der Spur mit der von § 2 kann er dann in wenigen Zeilen darlegen. Im vorliegenden Aufbau ist das nicht möglich.

Wir beweisen (5.1) durch absteigende Induktion nach s. Es sei zunächst $s = n$ und y^{n-r-1} ein Simplex von $A(x)$ mit der durch $A(x)$ angezeigten

Orientierung. Sollen sich $A(x)$ und ∂S regulär schneiden, so muß $y \notin \partial S$ sein. Das heißt aber, daß $S|St\, y = a\, St\, y$ ($a \in \Gamma$), daß also die Koeffizienten aller n-Simplizes von $St\, y$ in S die gleichen, etwa gleich a sind. Dann ist $m\,(S \cdot A(x), y) = a$ nach (3.3) und Regel (4.2). Andererseits ist $x\,y \in St\, y$, und $m\,(St\, y, x\,y) = +1$, weil $x\,y$ nach der Festlegung von y mit R gleichsinnig orientiert ist. Also ist $m\,(Sp\,(St\, y, x), y) = +1$ und $m\,(Sp(S, x), y) = a$.

Angenommen, (5.1) sei für alle Dimensionen $> s$ bewiesen. Es sei $\dim S = s$ und $y^{s-r-1} \in |A(x)|$, $y \notin |\partial S|$. Wir betrachten $St\, y$, $A(y)$ und darauf $Sp(S, y)$. Weil $y \notin |\partial S|$, ist $Sp(S, y)$ ein Zyklus auf $A(y)$. Da $s < n$, ist $r = \dim Sp(S, y) < \dim A(y) = n - s + r$. Weil $A(y)$ eine Sphäre ist, ist $H^r\,(A(y)) = 0$ und $Sp(S, y)$ berandet eine Kette $B^{r+1} \in A(y)$. Da B mit jedem Simplex von ∂y verbindbar ist, können wir setzen

$$C^s = (-)^{s-r}\, \partial y\, B + y\, Sp(S, y)\,. \tag{5.2}$$

C ist ein Zyklus, denn ∂y und $Sp(S, y)$ sind Zyklen, und es ist

$$\partial C = -\, \partial y\, \partial B + \partial y\, Sp(S, y) = 0\,.$$

Nun ist $C \in H\ddot{u}\; |St\, y|$, und dort berandet jeder Zyklus. Es sei $C = \partial D^{s+1}$. Nach Induktionsvoraussetzung ist

$$\begin{aligned} Sp(D, x) &= D \cdot A(x) \text{ und nach (2.1) und nach Regel (4,3a)}\\ (-)^{r+1}\, Sp(\partial D, x) &= (-)^{r+1}\, \partial D \cdot A(x)\,,\\ Sp(C, x) &= C \cdot A(x)\,,\\ m\,(Sp(C, x), y) &= m\,(C \cdot A(x), y)\,. \end{aligned} \tag{5.3}$$

Nun liefert von C aus (5.2) nur das Glied $y\, Sp(S, y) = S|St\, y$ einen Beitrag zu (5.3), und wir können dort C durch S ersetzen:

$$m\,(Sp(S, x), y) = m\,(S \cdot A(x), y)\,,$$

und dies ist die Aussage von (5.1). □

Insbesondere merken wir den Fall an, daß x und y verbindbare Simplizes sind und $S = \underline{A}(y)$ ist. Dann ist $Sp\, \underline{A}((y), x) = \underline{A}\,(y\,x)$ nach (2.3) und

$$\underline{A}(y) \cdot \underline{A}(x) = \underline{A}\,(y\,x)\,. \tag{5.4}$$

b) Es sei R^n ein affiner Raum, S^s und T^t seien lineare Unterräume. Ihr Schnitt habe die Dimension $s + t - n$. Es seien $0, z_1, \ldots, z_{s+t-n}$ linear-unabhängige Punkte im Schnittraum, $x_1, \ldots, x_{n-t}$ davon und untereinander unabhängige Punkte in S und $y_1, \ldots, y_{n-s}$ entsprechende Punkte in T. Es sind $0, z_1, \ldots, z_{s+t-n} \doteq z^{s+t-n} \doteq z$ und $x_1 \ldots x^{n-t-1} \doteq$ $\doteq x^{n-t-1} \doteq x$ und $y_1 \ldots y_{n-s} \doteq y^{n-s-1} \doteq y$ Simplizes. Wir triangulieren den Raum so, daß $\pm z$, $\pm z \pm x$, $\pm z \pm y$, $\pm z \pm x \pm y$ für alle Vorzeichenverteilungen Simplizes sind. (Man könnte etwa an Oktaeder denken). Dann sind die Voraussetzungen von Satz 5.1 erfüllt. Weiter ist

$$m(\underline{A}(y\,x), z) = m(R, y\,x\,z)\,,$$
$$m(\underline{A}(y), z\,x) = m(R, y\,z\,x)\,,$$
$$m(\underline{A}(x), z\,y) = m(R, x\,z\,y)\,,$$

also $m\big(\underline{A}(y\,x)\,z\big) = m\big(\underline{A}(y), z\,x\big) \cdot m\big(\underline{A}(x), z\,y\big) \cdot m(R, z\,x\,y)$ und nach (5.4)

$$m\big(\underline{A}(y) \cdot \underline{A}(x), z\big) = m\big(\underline{A}(y), z\,x\big) \cdot m\big(\underline{A}(x), z\,y\big) \cdot m(R, z\,x\,y)\,. \qquad (5.5)$$

Nun haben S und $A(y)$ die Simplizes $\pm z \pm x$ gemein und sowohl S als auch $A(y)$ hat in allen diesen Simplizes denselben Koeffizienten.
Es sei

$$m(S, z\,x) = k \cdot m\big(\underline{A}(y), z\,x\big)\,.$$

Ebenso sei

$$m(T, z\,y) = l \cdot m\big(\underline{A}(x), z\,y\big)\,.$$

Multipliziert man (5.5) rechts und links mit $k \cdot l$, so wird

$$m(S \cdot T, z) = m(S, z\,x) \cdot m(T, z\,y) \cdot m(R, z\,x\,y)\,. \qquad (5.6)$$

Durch diese Beziehung wurde in der früheren Schnitttheorie die Schnittvielfachheit definiert (z. B. LEFSCHETZ [7] IV. § 1). Damit ist nach dieser Seite der Anschluß hergestellt.

c) Wir brauchen noch eine Modifikation des assoziativen Gesetzes, nämlich:

Es sei $Q^q \leqq R$ eine Mannigfaltigkeit, und es seien $S \in R$, $T \in Q$ Ketten, und alle vorkommenden Schnitte seien regulär. Dann behaupten wir

$$S \dot{_R}\, T = (S \dot{_R}\, Q) \dot{_Q}\, T\,. \qquad (5.7)$$

Wir betrachten die einzelnen Simplizes $y^{s+t-n} \in Q$. Für jedes von ihnen muß dann gelten

$$P \doteq m(S \dot{_R}\, T, y) = N \doteq m\big((S \dot{_R}\, Q) \dot{_Q}\, T, y\big)\,.$$

Wir führen den Beweis durch Induktion nach $q - t$. Für $t = q$ ist $T|St\,y = k\,Q|St\,y$ ($k \in \Gamma$) und $S \dot{_R}\, T|St\,y = k\,S \dot{_R}\, Q|St\,y$ und weiter

$$(S \dot{_R}\, Q) \dot{_Q}\, T|St\,y = k\,(S \dot{_R}\, Q) \dot{_Q}\, Q|St\,y = k\,S \dot{_R}\, Q|St\,y$$

nach (3.3).

Angenommen, (5.7) gelte für kleinere Werte von $q - t$, und es sei der allgemeine Fall vorgelegt.

Es sei $A(y) = A$; es sei $Sp(V, y) = V_1$ gesetzt für $V = Q, S, T$. Auf Q übernimmt Q_1 die Rolle von $A(y)$. Dann ist $P = \mathfrak{v}_A(S_1, T_1)$; $N = \mathfrak{v}_{Q_1}\big(Sp(S \dot{_R}\, Q, y), T_1\big) = \mathfrak{v}_{Q_1}(S_1 \dot{_A}\, Q_1, T_1)$ nach (3.6). Es sei $C \in Q_1$ eine Kette mit $\partial C = T_1$, und es seien z_i ($i = 1, \ldots, I$) die Schnittpunkte von S_1 und C. Dann ist

$$P = \sum_{i=1}^{I} m(S_1 \cdot C, z_i)\,; \qquad N = \sum_{i=1}^{I} m(S_1 \dot{_A}\, Q_1) \dot{_Q}\, C, z_i)\,.$$

Nun ist $\dim Q_1 - \dim C = (q + n - s - t - 1) - (n - s) = q - t - 1 < q - t$. Wir können also die Induktionsvoraussetzung anwenden, welche sagt:

$$m\,(S_1 \cdot C, z_i) = m\,\big((S_{1\,\dot{A}}\; Q_1)_{\dot{Q}_1}\, C, z_i\big) \qquad \text{für alle } i,$$

also $P = N$.

d) Wir können jetzt zeigen, daß $A(x)$ mit x im Kleinen mit der Verschlingungszahl $+1$ verschlungen ist.

Es sei p ein innerer Punkt von $|x|$, es sei L ein simplizialer Komplex im Kleinen in der Umgebung von p, (vgl. § 1) es sei X ein Zyklus in $R = L/\dot{L}$, in dem x mit dem Koeffizienten $+1$ vorkommt. Dann wollen wir zeigen, daß

$$\mathfrak{v}_L\big(X, \underline{A(x)}\big) = +1\,. \tag{5.8}$$

(Wir arbeiten hier also in L, nicht in R.)
Zum Beweis unterteilen wir L, in dem wir darin p und seine Verbindungssimplizes mit ∂x und $A(x)$ eintragen. Dann ist $\partial(p\,\underline{A(x)}) = \underline{A(x)}$ und

$$\mathfrak{v}_L\big(X, \underline{A(x)}\big) = \text{ø}\big(X, p\,\underline{A(x)}\big) = m\,\big(x \cdot p\,\underline{A(x)}, p\big)\,, \tag{5.9}$$

weil p der einzige Schnittpunkt von X bzw. x mit $p\,\underline{A(x)}$ ist.

Es sei y ein Randsimplex von x, das positiv in ∂x vorkommt, es sei z ein Simplex, das positiv in $\underline{A(x)}$ vorkommt. Dann sind $p\,y$ in x und $p\,z$ in $p\,\underline{A(x)}$ positiv orientiert. Weiter ist $p\,y\,z$ positiv in $St\,p$ orientiert. Dann ist nach (5.6) $m\,(x \cdot p\,\underline{A(x)}; p) = +1$. □

e) Wir wollen jetzt zeigen, daß wir unter einer zusätzlichen Voraussetzung (V) zur Bestimmung der Vielfachheit wenigstens für $s, t < n$ nicht auf den Außenrand des Simplexsternes angewiesen sind, sondern irgendeine Sphäre B in einem der Komplexe L benutzen können, die im Kleinen mit der Schnittkette verschlungen ist. Die Voraussetzung (V) verlangt, daß sich S und T in Zyklen Z_i^u ($i = 1, \ldots, r$; $u = s + t - n$) von der folgenden Art scheiden: Jedes u-Simplex kommt höchstens in einem Z_i vor, und dort mit dem Koeffizienten ± 1.

Dies ist bei Schnitten algebraischer Varietäten sowie für $s + t = u$ immer der Fall. Wir setzen $S \cdot T = \sum c_i Z_i$ und versuchen, die c_i zu berechnen.

Die Z_i bilden eine Basis der u-Zyklengruppe und ihre Homologieklassen eine Basis der u-Homologiegruppe von $S \cdot T$. Diese ist torsionsfrei. Es seien x_i^u ($i = 1, \ldots, r$) irgendwelche Simplizes, die jeweils in Z_i mit dem Koeffizienten $+1$ vorkommen. Die Zyklen $A(x_i)$ erzeugen dann nach dem ALEXANDERschen Dualitätssatz die Homologiegruppe ihrer Dimension $2n - s - t - 1$ des Außenraumes $W = L \setminus S \cdot T$. Es sei nun $B \in W$ eine gegebene $(2n - s - t - 1)$-Sphäre. Es ist $B \sim \sum d_i A_i(x)$ in W mit geeignetem d_i.

Es ist

$$\mathfrak{v}_L(Z_i, B) = d_i\ ; \qquad \mathfrak{v}_L\,(S\cdot T, B) = \sum c_i\, d_i\,.$$

Die Behauptung ist, daß dies gleich $\mathfrak{v}_B\,(S\cdot B, T\cdot B)$ ist. Für $s = n$ oder $t = n$ hätte die Behauptung keinen Sinn, weil dann $S\cdot B$ bzw. $T\cdot B$ nicht erklärt ist. (Es ist kein Mißverständnis zu befürchten, wenn wir für jede Sphäre K die Verschlingungszahl $\mathfrak{v}_K\,(S\cdot K, T\cdot K)$ mit $\mathfrak{v}_K(S, T)$ abkürzen.)

Es sei $C^{u+1} \in W$ eine solche Kette, daß $\partial C = B - \sum d_i\, A_i(x)$. Auf den Sphären B und $A(x_i)$ sind $T\cdot B$ und $T\cdot A(x_i)$ nullhomologe Zyklen, weil ihre Dimension weder $2\,n - s - t - 1$ (wegen $t < n$) noch -1 (wegen $s < n$) ist. Es gibt also solche $(u - s)$-Ketten $D \in |B|$, $D_i \in A(x_i)$, daß $\partial D = T\cdot B$, $\partial D_i = T\cdot A(x_i)$. Wir bilden $E = T\cdot C - D + \sum c_i\, D_i$. Es ist $\partial E = T\cdot \partial C - T\cdot B + \sum d_i\, T\cdot A(x_i) = 0$; also ist E ein Zyklus, und es ist $E \sim 0$ in L (wie alle Zyklen), und $\text{ø}(S, E) = 0$. Andererseits ist

$$\text{ø}(S, E) = \text{ø}(S, T\cdot C) - \text{ø}(S, D) + \sum d_i\, \text{ø}(S, D_i)\,,$$

$$0 = 0 - \text{ø}_B\,(S\cdot B, D) + \sum d_i\, \text{ø}_{A(x_i)}\,\big(S\cdot A(x_i), D_i\big) \text{ nach } (5.7)\,,$$

$$0 = 0 - \mathfrak{v}_B(S, T) + \sum d_i\, \mathfrak{v}_{A(x_i)}(S, T)\,.$$

Nun ist $\mathfrak{v}_{A(x_i)}(S, T) = c_i = m\,(S\cdot T, x_i) = m\,(S\cdot T, Z_i)$. Also ist

$$\mathfrak{v}_B\,(S, T) = \sum c_i\, d_i = \sum \mathfrak{v}_L(Z_i, B)\cdot m\,(S\cdot T, Z_i)\,.\ \square \tag{5.10}$$

f) Mit (4.5d) ist das Homologieprinzip innerhalb eines simplizialen Komplexes auf Grund der LEFSCHETZschen Definition gezeigt. Wir müssen uns nun noch davon überzeugen, daß es auch *zwischen zwei krummen simplizialen Komplexen* gilt, die denselben Raum überdecken.

Es sei R_1 ein Komplex im Kleinen. Daß wir bei einer Unterteilung R_2 von R_1 dieselben Schnittvielfachheiten zwischen entsprechenden Zyklen erhalten, ist fast trivial. Der Außenrand des Simplexsternes eines Schnittsimplex x in R_2 läßt sich mitsamt den Spuren der Zyklen S und T homöomorph durch Projektion aus x auf den Außenrand des Simplexsternes des Trägers von x in R_1 abbilden, und die Verschlingungszahlen bleiben erhalten.

Es sei jetzt wieder R ein Komplex im Kleinen, R' die Normalunterteilung, R^* der duale Komplex. Es seien $S, T \in R$ Zyklen. Dann gibt es einen solchen Zyklus $T^* \in R^*$, daß die Unterteilungen von T^* und T in R' homolog sind. Dann sind nach dem Homologieprinzip in R' auch die Unterteilungen von $S\cdot T$ und $S\cdot T^*$ in R' homolog, und wir können uns auf Schnitte des Typus $S\,'\,T^*$ beschränken. Dafür ist aber bei LEFSCHETZ und bei WHITNEY der Beweis des Homologieprinzips geführt: Es seien R_1 und R_2 zwei simpliziale Komplexe im Kleinen, die dasselbe Raumstück überdecken, und es gebe eine simpliziale Approximation $\alpha: R_1 \to R_2$. Es seien $S_1, T_1 \in R_1$ Zyklen und $\alpha\, S_1 = S_2; \alpha\, T_1 = T_2$. Es sei $T_2^* \in R_2^*$; $T_2^* \sim T_2$. Es sei $T_1^* \in R_1^*$ ein solcher Zyklus, daß $\alpha\, T_1^* = T_2^*$. Dann ist

$T_1 \sim T_1^*$; $\alpha(S_1, T_1^*, S_1 \cdot T_1^*) = S_2, T_2^*, S_2 \cdot T_2^*$ und $S_1 \cdot T_1^* \sim S_2 \cdot T_2^*$. Damit ist das Homologieprinzip auch zwischen zwei verschiedenen simplizialen Komplexen gezeigt.

Der Schnitt singulärer Zyklen S und T läßt sich nur mit Hilfe des Homologieprinzips definieren: Man sucht zu S und T homologe Zyklen S' und T' in einem simplizialen Komplex R auf. Dort ist der Schnitt $S' \cdot T'$ erklärt, und die Homologieklasse von $S' \cdot T'$ schreiben wir auch dem Schnitt von S und T zu. Über die Homologieklasse hinaus zu einem bestimmten Repräsentanten können wir nicht gehen. Daß diese Bestimmung der Homologieklasse unabhängig von der Wahl von R ist, haben wir im vorigen Abschnitt gezeigt.

g) Wir wollen zeigen, daß wir die Vielfachheit eines komplizierten Schnittes auch durch einen *Grenzübergang* auf Grund der LEFSCHETZschen Definition erhalten können. Es seien S und T zwei Zyklen, Z^u $(u = s + t - n)$ einer ihrer Schnittzyklen. $T = T(0)$ sei in eine Schar $T(\tau)$ von Zyklen eingebettet, die stetig von einem Parameter $0 \leqq \tau \leqq 1$ abhängen. Wir machen über die Schnitte von $S \cdot T(\tau)$ für alle τ die Annahme aus e), daß $S \cdot T(\tau) = \sum c_i Z_i(\tau)$, wobei die $Z_i(\tau)$ jedes Simplex mit dem Koeffizienten ± 1 enthalten und $Z_i(\tau)$ und $Z_j(\tau)$ für $j \neq i$ kein Simplex gemeinsam haben. Von den Zyklen $Z_i(\tau)$ mögen für $\tau \to 0$ die Zyklen $Z_i(\tau)$ $(i = 1, \ldots, r)$ gegen Z streben. Wir wollen zeigen, daß

$$m(S \cdot T, Z) = \sum_1^r m\bigl(S \cdot T(\tau), Z_i(\tau)\bigr) . \qquad (5.11)$$

Es sei L ein Komplex im Kleinen, der ein Stück von Z enthält. B ein $(2n - s - t - 1)$-Zyklus darin, der mit Z einfach verschlungen ist: $\mathfrak{v}_L(Z, B) = +1$. Dann ist von einem gewissen ε ab $\mathfrak{v}_L\bigl(Z_i(\tau), B\bigr) = +1$ für $\tau \leqq \varepsilon$ und $i = 1, \ldots, r$.

Weiter sind $|S \cdot B|$ und $|T \cdot B|$ getrennte abgeschlossene Punktmengen. Es gibt also eine solche Zahl $\delta > 0$, daß $\mathfrak{v}_B\bigl(S, T(\tau)\bigr) = \mathfrak{v}_B(S, T)$ für $\tau \leqq \delta$. Für $\tau \leqq \min(\delta, \varepsilon)$ folgt dann aus (5.10)

$$\mathfrak{v}_B\bigl(S, T(\tau)\bigr) = \mathfrak{v}_L(Z, B) \cdot \sum m\bigl(S \cdot T(\tau), Z_i(\tau)\bigr) ,$$

$$\mathfrak{v}_B(S, T) = \mathfrak{v}_L(Z, B) \cdot m(S \cdot T, Z) ,$$

und daraus folgt (5.11).

h) Setzt man das Homologieprinzip voraus, so steht die LEFSCHETZsche Definition nicht mehr frei, sondern folgt sehr einfach als Satz:

Es sei zunächst $s + t = n$; $\dim S \cdot T = 0$; x^0 ein Punkt von $|S \cdot T|$. Dann ist $A(x^0)$ eine $(n-1)$-Sphäre, $\dim Sp\, T = t - 1$. Es sei $C^t \in A(x)$ eine Kette, für die $\partial C = Sp\, T$. Wir betrachten die Kette $T' = T + C - x\, Sp\, T$; es ist $T' \sim T$ in $St\, x$, und nach dem Homologieprinzip ist

$$\text{ø}(S, T) = \text{ø}(S, T') = \mathfrak{v}_{A(x)}(Sp\, S, Sp\, T) , \qquad (5.12)$$

wenn wir uns auf die Schnittpunkte in $St\, x$ beschränken. In (5.12) ist die rechte Seite bei der LEFSCHETZschen Definition als bekannt vorausgesetzt und die linke damit definiert.

Für $s + t > n$ ist der Zusammenhang nicht so offensichtlich; wir müssen diesen Fall auf den vorigen zurückführen.

Es seien S^s und $T^t \subset R^n$ Ketten, $x^{s+t-n} \in S \cdot T$ ein Simplex. Es sei p ein innerer Punkt von x und e ein Eckpunkt von x. Wir bilden die Mannigfaltigkeit $\hat{R}^{2n-s-t} = p\, A(x) - e\, A(x)$ und auf ihr die Ketten $\hat{S}^{n-t} = p\, Sp(S, x)$ und $\hat{T}^{n-s} = p\, Sp(T, x)$. Es ist $A \doteq A_{\hat{R}}(p) = A_R(x)$; $Sp_{\hat{R}}(\hat{S}, p) = Sp_R(S, x)$; $Sp_{\hat{R}}(\hat{T}, p) = Sp_R(T, x)$.

Jetzt ist $\hat{S} \underset{\hat{R}}{\dot{}} \hat{T}$ nulldimensional, und es ist $m(\hat{S} \underset{\hat{R}}{\dot{}} \hat{T}, p) = \mathfrak{v}_A(Sp_{\hat{R}}(\hat{S}, p), Sp_{\hat{R}}(\hat{T}, p)) = \mathfrak{v}_A(Sp_R(S, x), Sp_R(T, x)) = m(S \underset{R}{\dot{}} T, x)$. Damit ist die Berechnung der Vielfachheit von x in $S \cdot T$ auf die von p in $\hat{S} \underset{\hat{R}}{\dot{}} \hat{T}$ zurückgeführt. □

§6. Die Schnittvielfachheit von algebraischen Kurven der Ebene

Als Anwendung wollen wir die bekannte Formel für die Schnittvielfachheit zweier algebraischer Kurven der Ebene aus der LEFSCHETZschen topologischen Definition ableiten. Mir scheint, daß das aus der üblichen Definition nicht möglich ist, daß also bei Anwendungen in der algebraischen Geometrie die LEFSCHETZsche Definition der üblichen überlegen ist.

Es sei $\hat{E}$ eine komplexe projektive Ebene, $\hat{x} = (\hat{x}_0, \hat{x}_1, \hat{x}_2)$ ihr allgemeiner Punkt. Die Kurven $\hat{S}$ und $\hat{T}$ mögen sich in $\hat{\Theta}_0 = (1, 0, 0)$ und in einer Reihe von Nachbarpunkten $\hat{\Theta}_i$ von $\hat{\Theta}_0$ $(i = 1, \ldots, r)$ schneiden, aber keinen Bestandteil gemeinsam haben. Das Koordinatensystem sei so gelegt, daß die Koordinatenachsen nicht Tangenten von $\hat{S}$ oder $\hat{T}$ sind. $\hat{S}$ und $\hat{T}$ mögen in $\hat{\Theta}_i$ die Vielfachheit s_i und t_i haben. In der algebraischen Geometrie setzt man dann fest, daß die Schnittvielfachheit von $\hat{S}$ und $\hat{T}$ in $\hat{\Theta}_0$ gleich

$$V = \sum_{0}^{r} s_i\, t_i \tag{6.1}$$

sei; nur so kann man die Allgemeingültigkeit des Satzes von BÉZOUT bewahren (siehe z. B. v. D. WAERDEN [13]).

Wir wollen zeigen, daß die LEFSCHETZsche Definition den Wert (6.1) liefert. Wir denken uns dazu die Ebene so trianguliert, daß alle Pseudomannigfaltigkeiten, von denen die Rede sein wird, mit erfaßt werden. Sie sind in natürlicher Weise orientiert, und so können wir sie als Ketten auffassen.

Wir betrachten zunächst den Sonderfall, daß $\hat{T}$ eine Gerade durch $\hat{\Theta}_0$ ist, die keinen Zweig von $\hat{S}$ berührt. Es ist dann zu zeigen, daß die Schnittvielfachheit $m(\hat{S} \cdot \hat{T}, \hat{\Theta}_0) = s_0$ ist. Zum Beweis führen wir ein inhomogenes (x, y)-Koordinatensystem mit dem Nullpunkt in $\hat{\Theta}_0$ ein und legen die y-Achse in $\hat{T}$. Dem Punkt $\hat{\Theta}_0$ entspricht das Ideal (x, y), es ist $\hat{S} \in (x, y)^{s_0}$ und der Koeffizient a von y^{s_0} in $\hat{S}$ verschwindet nicht. Wir können $\hat{S}$ zerlegen in

$$\hat{S} = a \prod_{i=1}^{s_0} (y - \mathfrak{P}_i(x)) ,$$

wobei die $\mathfrak{P}_i(x)$ PUISEUX-Reihen sind und nach gebrochenen Potenzen von x fortschreiten. Die positive reelle Zahl r sei kleiner als die Konvergenzradien aller dieser Reihen, und die positive reelle Zahl q sei größer als die Werte aller dieser Reihen für $(x) \leqq r$. Wir denken uns die Triangulierung so ausgeführt, daß $St(\hat{\Theta}_0)$ den Bereich $|x| \leqq r$ $|y| \leqq q$ überdeckt. Dann ist $Sp(\hat{T}, \hat{\Theta}_0)$ gegeben durch $x = 0$ $|y| \leqq q$ und $Sp(\hat{S}, \hat{\Theta}_0)$ durch $|x| = r$, $y = \mathfrak{P}_i(x)$ $(i = 1, \ldots, s_0)$. Auf der berandeten 2-Mannigfaltigkeit auf $A(\hat{\Theta}_0)$ mit $Im\, x = 0$ $Re\, x \geqq 0$ wählen wir aus den beiden Grundketten diejenige C, für die $\partial C = Sp(\hat{T}, \hat{\Theta}_0)$. Dann sind die Schnittpunkte von C und $Sp(\hat{S}, \hat{\Theta}_0)$ gegeben durch $x = r$; $y_i = \mathfrak{P}_i(r)$ $(i = 1, \ldots, s_0)$, und s_0 ist ihre Anzahl. □

Die Nachbarpunkte sind dabei mit Hilfe einer quadratischen CREMONA-Transformation $\mathfrak{C}$ von der Ebene $\hat{E}$ in eine Ebene E' in der folgenden Weise induktiv erklärt (vgl. v. D. WAERDEN [13]). Das Bild eines Gegenstandes $\hat{G}$ sei mit G' bezeichnet. Dann seien

$$x_i' = \hat{x}_k \, \hat{x}_l \qquad (i, k, l \text{ alle Permutationen von } 0, 1, 2) \qquad (6.2)$$

die Gleichungen von $\mathfrak{C}$. Wir finden auf der Geraden $x_0' = 0$ eine Reihe von Schnittpunkten Θ_i' von S' und T' vor, und zwar von einfacherer Struktur als $\hat{\Theta}_0$. Angenommen, wir hätten schon ein System von Nachbarpunkten Θ_k', $\Theta_l' \ldots$ von Θ_i' definiert, und es sei erklärt, was es heißt, S' habe in Θ_k' eine Vielfachheit s_k, und was es heißt, Θ_l' sei ein Nachbarpunkt ν-ter Ordnung von Θ_k', insbesondere n-ter Ordnung des gewöhnlichen Punktes Θ_i'. Wir ordnen dann $\hat{\Theta}_0$ eine Reihe von Symbolen $\hat{\Theta}_i, \hat{\Theta}_k, \hat{\Theta}_l, \ldots$ als Nachbarpunkte zu, und zwar sei Θ_i ein Nachbarpunkt 1. Ordnung, $\hat{\Theta}_l$ ein Nachbarpunkt $(n+1)$-ter Ordnung von $\hat{\Theta}_0$ und ein Nachbarpunkt ν-ter Ordnung von $\hat{\Theta}_k$. Die Vielfachheit von $\hat{S}$ in $\hat{\Theta}_k$ sei s_k.

Hier wollen wir nicht mit einer CREMONA-Transformation, sondern im 4-dimensionalen, durch die Real- und Imaginärteile der Koordinaten aufgespannten Raum mit einer Inversion I, an der Kugel Q mit der Gleichung $\hat{x}_1 \bar{\hat{x}}_1 + \hat{x}_2 \bar{\hat{x}}_2 - \varrho^2 \hat{x}_0 \bar{\hat{x}}_0 = 0$ arbeiten. $\bar{x}_i$ sei das Konjugium zu x_i. ϱ sei dabei so klein, daß kein weiterer Schnittpunkt von $\hat{S}$ oder $\hat{T}$ oder von einer Koordinatenachse mit $\hat{S}$ oder $\hat{T}$ ins Innere von $\hat{Q}$ zu liegen kommt. Wir können die Werte der Koordinaten so normieren, daß $\hat{x}_0$ reell wird. Die Transformationsgleichungen sind

$$\left.\begin{aligned} x_0 &= \hat{x}_1 \hat{\bar{x}}_1 + \hat{x}_2 \hat{\bar{x}}_2 , \\ x_1 &= \varrho^2 \hat{x}_0 \hat{x}_1 , \qquad & \bar{x}_1 &= \varrho^2 \hat{\bar{x}}_0 \hat{\bar{x}}_1 , \\ x_2 &= \varrho^2 \hat{x}_0 \hat{x}_2 , \qquad & \bar{x}_2 &= \varrho^2 \hat{\bar{x}}_0 \hat{\bar{x}}_2 . \end{aligned}\right\} \tag{6.3}$$

Das Bild jedes Gegenstandes $\hat{G}$ sei mit G bezeichnet. Wir wollen $\hat{E}$ mit E identifizieren, indem wir jeweils Punkte mit gleichen Werten der Koordinaten identifizieren. E und $\hat{E}$ sind in der entgegengesetzten Weise orientiert. Es wird dann insbesondere $Q = \hat{Q}$.

Wir wollen uns überzeugen, daß wir auf $x_0 = 0$ ein System von gewöhnlichen und benachbarten Schnittpunkten von S und T von genau der gleichen Struktur vorfinden, wie das System der Schnittpunkte von S' und T' auf $x_0' = 0$. Dazu berechnen wir die Abbildung von E' auf E, indem wir mit Hilfe von (6.1) und (6.2) die x_i und $\bar{x}_i$ als Formen in x_i und x_i' darstellen. Es zeigt sich, daß die Funktionaldeterminanten von 0 verschieden sind, wenn nur $x_1' \neq 0$ und $x_2' \neq 0$. Die Abbildung ist also im Kleinen affin und bewahrt die Struktur der Schnittpunkte.

Den Beweis von (6.1) führen wir durch Induktion nach der Anzahl $r + 1$ der gemeinsamen (eigentlichen oder benachbarten) Schnittpunkte von $\hat{S}$ und $\hat{T}$ in der Nachbarschaft von $\hat{\Theta}_0$. Für $r + 1 = 0$ ist nichts zu beweisen. Als Induktionsvoraussetzung nehmen wir an, die Summe der Schnittvielfachheiten von S und T in den Punkten von $x_0 = 0$ hätte sich zu $V_1 = \sum_1^r s_i t_i$ ergeben.

b) Das Innere von $\hat{Q}$ geht bei I in das Äußere F über; F sei gleichsinnig mit E, gegensinnig mit $\hat{E}$ orientiert. F enthält die Gerade $x_0 = 0$ in seinem Inneren. Jede Gerade $\hat{g}_\xi$ bzw. $\hat{g}_\infty$ durch $\hat{\Theta}_0$ mit der Gleichung $\hat{x}_2 - \xi \hat{x}_1 = 0$ bzw. $\hat{x}_1 = 0$ geht in sich selbst über. $\hat{g}_\xi$ schneidet $\hat{Q}$ in einem Kreis K_ξ bzw. K_∞. Diesen Kreis können wir auch als Kreis um den Mittelpunkt $(0, 1, \xi)$ bzw. $(0, 0, 1)$ auffassen, denn dieser Punkt ist konjugiert zu $\hat{\Theta}_0$ in bezug auf K_ξ. Das Innere von K_ξ, d. h. dasjenige Gebiet auf g, das den Punkt $(0, 1, \xi)$ bzw. $(0, 0, 1)$ enthält, sei mit $\mathfrak{v}_\xi$ bzw. $\mathfrak{v}_\infty$ bezeichnet. $\hat{g}_\xi$ ist in natürlicher Weise, g_ξ in der entgegengesetzten Weise orientiert und überträgt diese Orientierung auf $\mathfrak{v}_\xi$ und K_ξ.

Wir können Q und F als Faserbündel auffassen. Der Basisraum B ist die Gerade $x_0 = 0$; Fasern sind die Kreise K_ξ bzw. die Vollkreise $\mathfrak{v}_\xi$. Die Gruppe ist die Gruppe der Drehungen des Kreises in sich.

F ist kein Elementar-Raumstück, und die Verschlingungszahlen der Spuren von S und T auf Q geben keine Auskunft über die Schnittzahlen im Innern. Wir erhalten aber ein Elementar-Raumstück, wenn wir aus B einen Punkt, etwa $x_1 = 0$ und aus F den Vollkreis $\mathfrak{v}_\infty$ herausnehmen. Damit wir wieder einen abgeschlossenen Komplex erhalten, nehmen wir nicht nur den Punkt und den Vollkreis, sondern die offenen Simplexsterne davon aus B und F heraus. Vorher müssen wir die Triangulierung so verfeinert haben, daß auf der Hülle dieser Simplexsterne kein Punkt von S oder T liegt. Wir erhalten nach dieser Herausnahme die Komplexe $\tilde{B}$, $\tilde{F}$, $\tilde{Q}$.

Das Faserbündel $\tilde{Q}$ besitzt einen Querschnitt, z. B. für jeden Wert ξ denjenigen Punkt auf K_ξ, für den x_1 einen reellen positiven Wert hat. Daher sind $\tilde{Q}$ und $\tilde{F}$ Produktbündel $\tilde{Q} = \tilde{B} \times K$ und $\tilde{F} = \tilde{B} \times \mathfrak{v}$. $\tilde{F}$ ist daher homöomorph einer konvexen Zelle, sein Rand f ist eine Sphäre, und es ist

$$\mathfrak{v}_f(Sp\, S, Sp\, T) = V_1\,. \tag{6.4}$$

Wir wollen nun eine solche Kette $\tilde{C} \in f$ suchen, daß $\partial \tilde{C} = Sp\, T$ ist und sich außerdem am Rande von B in einer für das folgende brauchbaren Weise verhält. Es ist $Sp\, T \subset \tilde{Q}$, und die 1. Homologiegruppe von Q wird durch die Homologieklasse der Kreise K_ξ erzeugt. Als Repräsentanten wählen wir einen Kreis K_ω mit ω auf dem Rand von B. Dann ist $Sp\, T \sim$ $\sim k\, K_\omega$ auf $\tilde{Q}$ mit geeignetem ganzzahligen k. Es sei C_1 eine 2-Kette mit $\partial C_1 = Sp\, T - k\, K_\omega$. Da nun $K_\omega = \partial \mathfrak{v}_\omega$, ist weiter $\partial\,(C_1 + k\, \mathfrak{v}_\omega) =$ $= Sp\, T$, und $\tilde{C} = C_1 + k\, \mathfrak{v}_\omega$ ist eine Kette der gesuchten Art. Nun schneiden sich S und $\mathfrak{v}_\omega$ nicht, und es ist

$$V_1 = \mathfrak{v}_f(Sp\, S, Sp\, T) = \varnothing(Sp\, S, \tilde{C}) = \varnothing(Sp\, S, C_1)\,. \tag{6.5}$$

Kehren wir nun auf Q zurück! Auf Q ist $K_\omega \sim 0$; es sei C_2 eine solche Kette, daß $\partial C_2 = K_\omega$ ist. (Wir gewinnen sie z. B. aus der Menge aller Punkte von Q, für die $x_2 - \omega\, x_1$ reell und nicht negativ ist.) Wir setzen $C = C_1 + k\, C_2$. Dann ist $C \in Q$ und $\partial C = Sp\, T$ und

$$\mathfrak{v}_Q\,(Sp\, S, Sp\, T) = \varnothing_Q\,(Sp\, S, C)\,, \tag{6.6}$$

und dies ist die Zahl, die wir suchen. Nach (6.5) und (6.6) ist

$$\varnothing_Q\,(Sp\, S, C) = V_1 + k \cdot \varnothing_Q\,(Sp\, S, C_2)\,.$$

Um den zweiten Summanden rechts berechnen zu können, ziehen wir die Schnittvielfachheit s_0 von $\hat{g}_\omega$ und $\hat{S}$ in $\hat{\Theta}_0$ heran. Es ist $Sp\, \hat{g}_\omega = K_\omega$, also

$$s_0 = \mathfrak{v}_Q\,(Sp\, S, K_\omega) = \varnothing_Q\,(Sp\, S, C_2)\,,$$

und

$$\varnothing_Q(S, C) = V_1 + k \cdot s_0\,. \tag{6.7}$$

Nun hängt k nur von T, nicht aber von S ab. Um k zu berechnen, setzen wir für $\hat{S}$ eine allgemeine Gerade $\hat{g}_\xi$ ein. $\hat{g}_\xi$ schneidet $\hat{T}$ in $\hat{\Theta}_0$ mit der Vielfachheit t_0, aber in keinem Nachbarpunkt. Es ist in diesem Fall $V_1 = 0$, $s_0 = 1$, $\mathfrak{v}_Q(Sp\,S, T) = t_0$, und (6.7) ergibt $t_0 = k$. Es ist also

$$\mathfrak{v}_Q(Sp\,S, Sp\,T) = V_1 + s_0 \cdot t_0 = \sum_0^r s_i t_i ,$$

und dies ist die Behauptung (6.1).

Das Ergebnis dieses Paragraphen sei noch am Beispiel der beiden Kurven $S: y^2 - x^3 = 0$ und $T: y^2 + x^3 = 0$ vorgeführt und gezeichnet. Auf der Kugel $|x|^2 + |y|^2 = \varrho^2$ sind die Spuren in bezug auf den Nullpunkt 0:

$$Sp(S, 0) : (x, y) = (\lambda^2 e^{2i\varphi}, \lambda^3 e^{3i\varphi}),\ Sp(T, 0) : (x, y) = (-\lambda^2 e^{2i\varphi}, \lambda^3 e^{3i\varphi})$$

(λ, φ, reell, $\lambda^4 + \lambda^6 = \varrho^2$).

Wir setzen $x = x_1 + i\,x_2$; $y = y_1 + i\,y_2$ und projizieren die Spuren vom Punkt $(x, y) = (0, \varrho)$ stereographisch auf den Raum $y_1 = 0$. Die Spuren bekommen dabei etwa die Gestalt, wie sie in der Figur ersichtlich sind. Ihre Verschlingungszahl ist 6, in Übereinstimmung mit allen anderen Berechnungen.

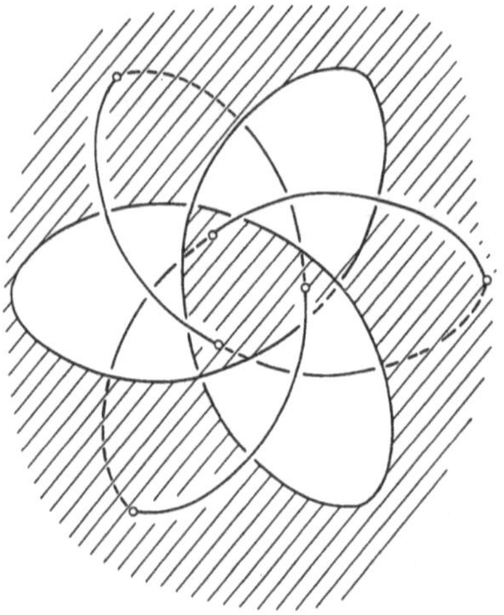

LITERATUR

[1] BRAUNER, K.: Klassifikation der Singularitäten algebraischer Kurven. Abh. Mathem. Seminar Hamburg Univ. **6** (1928) 1–55.

[2] FRANZ, W.: Topologie II. S. Göschen Bd. 1182/1182a. Berlin 1965.

[3] GRÖBNER, W.: Moderne algebraische Geometrie. Wien–Innsbruck 1949.

[4] HOPF, H.: Zur Algebra der Abbildungen von Mannigfaltigkeiten. J. r. u. a. Mathem. **165** (1930) S. 71–88.

[5] VAN KAMPEN, E.: Die kombinatorische Topologie und die Dualitätssätze. S. Gravenhage 1929.

[6] LEFSCHETZ, S.: Intersections and transformations of complexes and manifolds. Trans. Am. M. S. **28** (1926) 1-29.

[7] LEFSCHETZ, S.: Topology. Amer. Math. Soc. Coll. Publ. Vol. XII, New York 1930.

[8] LEFSCHETZ, S.: Algebraic Topology, Amer. Math. Soc. Coll. Vol. XXVII. New York, 1942. (Vor allem Kap. V Nr. 36. S. 205ff.)

[9] POINCARÉ, H.: Analysis. Litus. Journ. Éc. Polyt. (2) **1** (1895) Insbes. § 9.

[10] POINCARÉ, H.: Complément à l'analysis situs. Palermo Rondic. **13** (1899) 285–343. Insbes. § IX.

[11] VEBLEN, O.: The intersection numbers. Trans. Amer. Math S. 25 (1923) 540–550.

[12] VAN DER WAERDEN, B. L.: Topologische Begründung des Kalküls der abzählenden Geometrie. Math. Ann. **102** (1930) 337–362.

[13] VAN DER WAERDEN, B. L.: Einführung in die Algebraische Geometrie. Kap. 9, Berlin 1939.

[14] WEYL, H.: Analysis situs combinatorio. Revista Mat. **5** (1923) 209 bis 218; 241–249; 273–279.

[15] WHITNEY, H.: On products in a complex. Ann. of Math. (2) **39** (1938) 397 bis 432.

BERICHTE ÜBER DIE VERHANDLUNGEN DER SÄCHSISCHEN AKADEMIE DER WISSENSCHAFTEN ZU LEIPZIG

MATHEMATISCH-NATURWISSENSCHAFTLICHE KLASSE

Verfasser- und Sachregister 1896–1945 der Abhandlungen und Berichte
1961. 100 Seiten – gr. 8° – M 7,80

Band 97

Heft 1*) Prof. Dr. ERICH STRACK, Beobachtungen über den endogenen Anteil des Kot-Stickstoffs. 1949
Heft 2*) Prof. Dr. ERNST HÖLDER, Über die Variationsprinzipe der Mechanik der Kontinua. 1950
Heft 3*) Dr. H. GERSTNER / Dr. H. BAARK / Dr. H. GRAUL, Der Wechselstromwiderstand der Froschhaut. 1950
Heft 4*) Prof. Dr. HERBERT BECKERT, Existenz- und Eindeutigkeitsbeweise für das Differenzverfahren zur Lösung des Anfangswertproblems, des gemischten Anfangs-Randwert- und des charakteristischen Problems einer hyperbolischen Differentialgleichung zweiter Ordnung mit zwei unabhängigen Variablen. 1950
Heft 5*) Prof. Dr. HERBERT BECKERT, Über quasilineare hyperbolische Systeme partieller Differentialgleichungen erster Ordnung mit zwei unabghängigen Variablen. Das Anfangswertproblem, die gemischte Anfangs-Randwertaufgabe, das charakteristische Problem. 1950
Heft 6*) Prof. Dr.-Ing. ENNO HEIDEBROEK, Das Verhalten von zähen Flüssigkeiten, insbesondere Schmierflüssigkeiten, in engen Spalten. 1952
Heft 7*) Prof. Dr. HANS SCHUBERT, Über eine lineare Integrodifferentialgleichung mit Zusatzkern. 1950
Heft 8*) Dipl.-Phys. HELMAR KRUPP, Bestimmung der allgemeinen Lösung der Schrödinger-Gleichung für Coulomb-Potential. 1950

Band 98

Heft 1*) Prof. Dr. WALTER SCHNEE, Über magische Quadrate und lineare Gitterpunktprobleme. 1951
Heft 2 Prof. Dr.-Ing. ENNO HEIDENROECK, Über die Beziehungen zwischen Schmierung und Verschleiß bei geschmierter Gleitreibung. Nachdr. 1954. 36 Seiten – 5 Abb. – 8° – M 2,75
Heft 3*) Prof. Dr.-Ing. e. h. KARL KEGEL, Der Salzstock Mirowo bei Provadia in Bulgarien. 1951
Heft 4*) Prof. Dr. HERBERT BECKERT / Prof. Dr. HANS SALIÉ, Bemerkungen über die Verbiegung hyperbolisch gekrümmter Flächenstärke / Über Abels Verallgemeinerung der binomischen Formel. 1951
Heft 5*) Prof. Dr. ERICH STRACK, Die Dauerinfusion als Verfahren zur Erforscnung des Kohlenhydratstoffwechsels des Tierkörpers. 1952

Band 99

Heft 1*) Prof. Dr. HEINRICH BRANDT, Über das quadratische Reziprozitätsgesetz. 1951
Heft 2*) Prof. Dr. G. SPACKELER, Der Gebirgsdruck und seine Beherrschung durch den Bergmann. 1951
Heft 3 Prof. Dr. ERNST DIEPSCHLAG, Die Anwendbarkeit der Regelungstechnik in der Hüttenindustrie
1952. 38 Seiten – 12 Abbildungen – 8° – M 3,90
Heft 4*) Prof. Dr. ALBERT FROMME, Die Bedeutung der Entwicklungsgeschichte, besonders des Mesenchyms, für die Klinik. 1952
Heft 5 Dr. ROBERT BÖKER, Die Entstehung der Sternsphäre Arats
1952. 68 Seiten – 4 Abbildungen – 2 Falttafeln – 3 Tabellen – 8° – M 5,60

Band 100

Heft 1 Prof. Dr. HEINRICH BRANDT, Über Stammfaktoren bei ternären quadratischen Formen
1952. 24 Seiten – 8° – M 2,25
Heft 2 Dr. PAUL GÜNTHER, Zur Gültigkeit des Huygensschen Prinzips bei partiellen Differentialgleichungen vom normalen hyperbolischen Typus 1952. 43 Seiten – 8° – M 5,–
Heft 3 Dr. ALFRED MÜLLER, Die Schaubarkeit in der Axonometrie
1952. 22 Seiten – 3 Falttafeln – 8° – M 3,–
Heft 4 Prof. Dr.-Ing. ENNO HEIDEBROEK, Die Beziehungen zwischen Härte, Schmierung und Verschleißfestigkeit Nachdruck 1954. 40 Seiten – 10 Abbildungen – 8° – M 3,40
Heft 5 Prof. Dr. ROBERT SCHRÖDER, Frauenheilkunde in Forschung und Praxis
1952. 22 Seiten – 8° – M 1,35
Heft 6 Dr. ROLF REISSIG, Die pandiagonalen Quadrate vierter Ordnung. 1952. 54 S. – 8° – M 5,–
Heft 7 Prof. Dr. MAX ROBITZSCH, Die Erforschung der Atmosphäre, ihre Methodik und ihre Probleme
1953. 30 Seiten – 12 Abbildungen – 4 Kunstdrucktafeln – 8° – M 2,50

Band 101

Heft 1 Prof. Dr. KURT SCHWABE, Periodische Erscheinungen bei der anodischen Auflösung des Zinks
1954. 33 Seiten – 14 Abbildungen – 8° – M 3,–
Heft 2 Dr. UDO PIRL, Positive Lösungen einer nichtlinearen Integralgleichung
1953. 44 Seiten – 2 Abbildungen – 8° – M 4,–
Heft 3*) Dr. JOACHIM FOCKE, Asymptotische Entwicklungen mittels der Methode der stationären Phase.
2., unveränderte Auflage. 1967
Heft 4*) Prof. Dr. HANS SALIÉ, Zur Verteilung natürlicher Zahlen auf elementfremde Klassen. 1954

*) *vergriffen*

Heft 5*) Prof. Dr.-Ing. ENNO HEIDEBROEK, Die Verantwortlichkeit des Ingenieurs. 1954

Heft 6 Prof. Dr. HANS SCHUBERT / Dr. ERICH SCHINCKE, Zur Ermittlung von Interschallströmungen mit der Transformationsmethode bei qzandratischer Approximation der Adiabate
1955. 32 Seiten – 6 Abbildungen – 2 Tabellen – 8° – M 2,30

Heft 7 Dr. HELMUT SCHAEFER, Neue Existenzsätze in der Theorie nichtlinearer Untegralgleichungen
1955. 40 Seiten – 8° – M 2,40

Band 102

Heft 1*) Dr. PAUL GÜNTHER, Über einige spezielle Probleme aus der Theorie der linearen partiellen Differentialgleichungen zweiter Ordnung. 1957

Heft 2 Prof. Dr. HANS SCHUBERT / Dr. ERICH SCHINCKE, Zum Konturproblem der Hodographenmethode im Unterschall 1957. 25 Seiten – 8° – M 2,20

Heft 3*) Prof. Dr. FRANZ RUNGE, Über die Polymerisation ungesättigter organischer Verbindungen. 1957

Heft 4 Dr. VICTOR VÂLCOVICI, Une extension des liaisons non holonomes et des principes variationnels
1958. 39 Seiten – 8° – M 2,40

Heft 5 Dr. ROLF KLÖTZLER, Beiträge zur Theorie mehrdimensionaler Variationsprobleme mit geknickten Extremalen 1958. 72 Seiten – 8° – M 4,30

Heft 6 Prof. Dr. PAULA HERTWIG, Strahlenschäden und Strahlenschutz im zellulären Bereich
1957. 43 Seiten – 14 Apbildungen i. Text u. a. 4 Tafeln – 6 Tabellen – 8° – M 2,–

Heft 7 Prof. Dr. WILHELM TREIBS, Entwicklungslinien der organischen Chemie
1957. 25 Seiten – 8° – M 1,40

Band 103

Heft 1 Prof. Dr. GEORG SPACKELER, Über die Möglichkeit einer Lieferung von Magnesiumsulfat als Düngemittel seitens des Kalibergbaus der Deutschen Demokratischen Republik

Heft 2*) Prof. Dr. HEINRICH BREDT, Über den Tod. Eine naturwissenschaftliche Betrachtung. 1958

Heft 3 Dr. HANS WUSSING, Über Einbettungen endlicher Gruppen 1958. 38 S. – 8° – M 2,50

Heft 4 Prof. Dr. ERNST NEEF, Über die Veränderlichkeit unserer geographischen Umwelt
1959. 19 Seiten – 8° – M 1,20

Heft 5 Prof. Dr. WOLFGANG LANGENBECK, Zur Biochemie der Spurenmetalle. Mit Diskussionsbeiträgen 1959. 16 Seiten – 4 Tabellen – 8° – M 1,–

Heft 6 Prof. Dr. HANS SCHUBERT / Dr. ERICH SCHINCKE, Die Berechnung einer zirkulationslosen Unterschallströmung um den Kreiszylinder mit der Hodographenmethode
1959. 42 Seiten – 12 Abbildungen – 4 Tabellen – 8° – M 4,20

Prof. Dr. ANTON ARLAND, Mangnesium im Landbau
1958. 38 Seiten – 1 Abbildung – 2 Landkarten – 8° – M 1,90

Heft 7 Prof. Dr. PAULA HERTWIG, Anpassung, Vererbung und Evolution
1959. 35 Seiten – 14 Abbildungen – 8° – M 3,20

Band 104

Heft 1 Prof. Dr. KARL SCHMALFUSS, Über das Ausmaß der biologischen Bindung des elementaren Stickstoffs. Der Einfluß assimilierbarer Stickstoffverbindungen
1960. 19 Seiten – 2 Abbildungen – 6 Tabellen – 8° – M 1,35

Heft 2 Prof. Dr. ANTON LISSNER, Charakteristische Eigenschaften der Braunkohlen
1960. 20 Seiten – 10 Abbildungen – 3 Tabellen – 8° – M 2,–

Heft 3 Prof. Dr. Fritz STATHER, Zur Charakteristik pflanzlicher und synthetischer Gerbstoffe und deren kombinierte Verwendung bei der Gerbung 1960. 19 Seiten – 8° – M 1,10

Heft 4 Prof. Dr. HEINRICH PRELL, Bemerkungen zur Geschichte der englischen Längenmaß-Systeme
1962. 74 Seiten – 3 Tabellen – 8° – M 4,90

Heft 5 Prof. Dr. OTT-HEINRICH KELLER, Zur Berechnung des Galoisschen Körpers und der Galoisschen Gruppe einer Gleichung in erträglich vielen Schritten 1961. 23 Seiten – 8° – M 2,–

Heft 6 Dr. ROLF KLÖTZLER, Die Konstruktion geodätischer Felder im Großen in der Variationsrechnung mehrfacher Integrale 1961. 84 Seiten – 1 Abbildung – 8° – M 7,–

Heft 7 Prof. Dr. ARTHUR SIMON, Gitteraufbau und Katalyse bei der Gasentschwefelung
1961. 21 Seiten – 16 Abbildungen – 8° – M 2,10

Ab Band 105:

SITZUNGSBERICHTE DER SÄCHSISCHEN AKADEMIE DER WISSENSCHAFTEN ZU LEIPZIG

Band 105

Heft 1 Prof. Dr.-Ing. FRITZ OBENAUS, An der Grenze zwischen Hochspannungstechnik und Physik
1961. 19 Seiten – 14 Abbildungen – 8° – M 2,40

Heft 2 Prof. Dr. GEORG MERREM, Die klinisch-biologische Wertigkeit der Hirngeschwülste
1962. 23 Seiten – 7 Abbildungen – 2 Tabellen – 8° – M 1,90

*) *vergriffen*

Heft 3 Dr. Erich Schincke, Stetige schallnahe Potentialströmungen um eine Familie symmetrischer Profile mit abgerundeter Nase und ihre Grenzlinieneigenschaften
1963. 73 Seiten – 23 Abbildungen – 8° – M 8,90

Heft 4 Prof. Dr. Wilhelm Maier, Aus der analytischen Zahlentheorie 1963. 15 S. – 8° – M 2,–

Heft 5*) Prof. Dr. Wolfgang Buchheim, Zur Theorie der geoelektrischen Erkundungsmethodik und Systematik der geoelektromagnetischen Effekte. 1964

Heft 6 Prof. Dr. Walter Brednow, Christop Wilhelm Hufeland, Arzt und Erzieher im Lichte der Aufklärung 2., unveränderte Auflage. 1964. 25 Seiten – 8° – M 1,65

Heft 7 Dr. Harald Hilbig, Existenzsatz für begrenzte Potentialströmungen mit Totwasser um ein vorgegebenes Hindernis 1964. 52 Seiten – 8° – M 5,20

Band 106

Heft 1 Prof. Dr. Egbert Schwarz, Über experimentelle Untersuchungen und klinische Erfahrungen beim alloplastischen Ersatz von Blutgefäßen. 1963. 22 S. – 11 Abbildungen – 8° – M 2,45

Heft 2*) Prof. Dr. Manfred Gersch, Hormone als Regulatoren von Lebensvorgängen. 1963

Heft 3 Prof. Dr. med. Rolf Emmerich, Zur Problematik der Leberzirrhose
1964. 16 Seiten – 5 Abbildungen – 1 Tabelle – 8° – M 1,85

Heft 4*) Prof. Dr. med. Albrecht Peiper, Kindernöte in alten Zeiten. 1964

Heft 5 Prof. Dr. Wolfgang Langenbeck, Über den Mechanismus von Enzymwirkungen
1965. 19 Seiten – 7 Abb., davon 4 vierfarbig – 8° – M 4,40

Heft 6*) Prof. Dr. Walter Brednow, Tier und Mensch in Goethes naturwissenschaftlicher Sicht. 1965

Heft 7 Prof. Dr. Herbert Staude, Versuche zur Natur des latenten Bildes und ihre Deutung
1965. 33 Seiten – 7 Abbildungen – 8° – M 2,60

Band 107

Heft 1 Prof. Dr. Ott-Heinrich Keller, Die Homologiegruppen der Flächen 3. Ordnung
1965. 15 Seiten – 8° – M 2,30

Heft 2 Prof. Dr. Franz Runge, Grignard und die nach ihm benannte Synthese
1966. 17 Seiten – 3 Abbildungen – 8° – M 2,30

Heft 3 Prof. Dr. Karl Schmalfuss, Zur Kenntnis der Bodenbildung
1966. 13 Seiten – 4 Tabellen – 8° – M 1,40

Heft 4 Dr. Bodo Renschuch, Verallgemeinerungen des Bezoutschen Satzes
1966. 41 Seiten – 8° – M 4,50

Heft 5 Prof. Dr. med. Rolf Emmrich, Realität und Theorien des Alterns
1966. 20 Seiten – 9 Abbildungen – 8° – M 2,60

Heft 6 Prof. Dr. Wilhelm Maier, Nichteuklidische Volumina
1967. 20 Seiten – 16 Abbildungen – 8° – M 2,80

Heft 7 Dr. Lothar von Wolfersdorf, Zur Berechnung optimaler Strategien für Spiele über dem Einheitsquadrat mit an der Hauptdiagonalen unstetigen Auszahlungsfunktionen
1968. 53 Seiten – 8° – M 5,70

Band 108

Heft 1 Prof. Dr. Paul Görlich / Dipl.-Phys. Detlef Güldner / Dr. Hans-Joachim Pohl, „Elektronische Spektralmessung" mit steuerbaren Photovervielfachern
1967. 12 Seiten – 9 Abbildungen – 1 Tabelle – 8° – M 2,10

Heft 2 Prof. Dr. Manfred Gersch, Neuroendokrinologie der Insekten
1968. 33 Seiten – 12 Abbildungen – 1 Kunstdrucktafel – 8° – M 4,–

Heft 3 Prof. Dr. Hasso Essbach, Die Bedeutung der Morphologie in der Heilkunde
1968. 16 Seiten – 1 Textabb. – 13 Abb. auf 8 Kunstdrucktaf., davon 11 vierfarbig – 8° – M 12,80

Heft 4 Prof. Dr. Ott-Heinrich Keller, Über eine Definition von S. Lefschetz in der topologischen Schnitttheorie 1969. 29 Seiten – 1 Abbildung – 8° – M 4,20

Heft 5 Prof. Dr. Wolfgang Tutschke, Das Reziprozitätstheorem für eine Klasse pseudoholomorpher Funktionen mehrerer komplexer Variabler 1969. 19 Seiten – 8° – M 3,30

*) *vegriffen*

Einzel- oder Fortsetzungsbestellungen durch eine Buchhandlung erbeten.
Vor 1945 erschienene Berichte antiquarisch durch den Akademie-Verlag, Berlin, zum Teil noch lieferbar

AKADEMIE-VERLAG BERLIN

FSC
www.fsc.org
MIX
Papier | Fördert
gute Waldnutzung
FSC® C083411

Kolibri 360 GmbH
Ferdinand-Jühlke-Straße 7
99095 Erfurt, Deutschland
produktsicherheit@kolibri360.de